5G

次世代移動通信規格の可能性

森川博之
Hiroyuki Morikawa

岩波新書
1831

目　次

序　章　5G×デジタル変革　1

5Gはスマートフォンだけではない／「低遅延」「多数同時接続」の2つが新しい軸／5GはF1、4Gはゴーカート／デジタル変革のドライバー

第1章　5Gの本質　9

5GとIoTやAIの関係／なぜ5Gが注目を集めているのか？／5Gは周波数帯に着目せよ／5Gは無線部分と有線部分とから構成される／5Gでは光回線が重要／「超高速」「低遅延」「多数同時接続」／上り通信の高速化／B2CからB2Bへ／ローカル5G——

通信事業者以外が対象の自営5G／5G基地局は徐々に広がっていく／人口カバー率からエリアカバー率へ／地方でも均等に設置が始まる5G基地局／B2CからB2B2Xへ／少しずつ進化する5G／5Gテクノロジー自体は非連続なものではない／新しいビジネスの余地が生まれる／5Gは産業を激変させるのか

第2章　5Gの潜在力と未来の姿　51

バルセロナのMWC2019／自動運転——自律型と遠隔型／クルマのコモディティ化とゲームチェンジ／いろいろな形態の自動運転／安全運転支援のための5G／作業現場の無人化／無線化スマート工場／Industry 4.0を支える5G／ローカル5G工場の誕生／データ駆動型医療・ヘルスケアを後押しする／5Gが切り開く新たな医療・ヘルスケアの姿／モバイルヘルス——「プロアクティブ型医療」に向けて／ゲームがテクノロジーを進化させる／ゲームの変遷とクラウドゲーム／クラウドゲームならではの特徴／IT業界の巨人参入により変わるゲーム業界の構図／将来を深く洞察していたネットフリックス／動画配信を軸にした地殻変動／動画とゲームの垣

目　次

根がなくなる／テレビとスマートフォンの垣根もなくなる／ARやVRは5Gで離陸するか／現実と仮想の境目が消える／4K遠隔作業支援などの産業応用も／都市の安全を見守る／地方も変わる／5Gが地方の生産性向上の起爆剤に／地方ならではの強み／データに基づくまちづくり

第3章　モバイル興亡史をふり返る　109
――通信規格の世代交代

10年ごとに進化してきたケータイ／5Gでも事業や生活が一変するのか／アナログだった第1世代／携帯電話が普及し始めた第2世代／なぜ、携帯が一気に普及したのか／PHSの登場／世界に衝撃を与えたiモード／高機能化が進んだ3G／iPhone の登場／3・5Gと3・9G、そして4G／人々のコミュニケーションスタイルを変えた／スマートフォンはどこに向かうのか

第4章　激化するデジタル覇権争いのゆくえ　137

市場に群がる多彩なプレイヤー／5Gの「世界初」競争／三者三様の5G／日本の立ち位置／寡占と競争――第4の事業者／基地局整備／基地局に加えて災害対応も／隠れた王者クアルコム／クアルコムの特許ライセンス／裾野分野での日本企業の存在感／米中5G戦争／デジタル覇権のせめぎ合い／デジタル・シルクロード／セキュリティとファーウェイ／国家情報法／制裁措置の影響／ファーウェイの発展史／研究開発と顧客中心主義／業界再編の嵐／垂直統合的な産業構造／日本企業の命運

第5章　5Gを支えるテクノロジー　187

電波――共有の財産／電波の性質／5G割り当て周波数／「多段ケーキ」でカバー／ハイバンド／ミッドバンド／ローバンド／信号機を5G基地局に／多彩なテクノロジーの取り合わせ／Massive MIMO／低遅延――1ミリ秒は無線区間のみ／エッジコンピューティング／クラウドへの対抗軸／IoTを支える多数同時接続／コアネット

ワークの仮想化／無線アクセスネットワークの仮想化／ネットワークスライシング／ローカル5Gの周波数／自営BWA／ローカル5GとWi-Fi6

終　章　5Gにどのように向き合えば良いか　231

まずは土俵に上がる／5G活用の考え方／隠れたニーズに気づく／フットワーク軽く動く／通信事業者やローカル5G構築・運用事業者との戦略的連携／6Gへ——モバイル進化の底流を読む／産業構造の激変の中で創り上げる

序章　5G×デジタル変革

第5世代移動通信システム(5G)のサービス開始を目前にして、いま(2020年)、株式市場では5G関連銘柄が期待を集めている。しかし、新しい技術が登場するときには、必ず期待と落胆が交錯するものだ。期待と落胆が入り交じりつつある5Gにどのような姿勢で向き合えば良いのだろうか、本書では、私なりの視点も交えながら5Gを紹介していくこととしたい。

移動通信システムは10年ごとに新しい世代に切り替わってきた。1980年代の第1世代(1G)からおよそ10年ごとに第2世代(2G)、第3世代(3G)、第4世代(4G)と進化し、いよいよ2020年春には、第5世代(5G)の移動通信システムが登場する。

5Gの商用化が迫りつつある中で、メディアでも5Gに関する特集が多くみられるようになってきた。この分野に携わるものとしてはとても嬉しいことである。5Gは、5Gを使う側の人たちと一緒になって育てていくものだからである。5Gでは、4Gまでの消費者だけではなくすべての産業分野が対象となる。対象となる産業分野を理解していなければ、5Gをどのように使えば良いかわからない。あらゆる産業分野の人たちに5Gのことを知ってもらうことで、新しいデジタルの世界を一緒に創り上げていくことができるようになる。

ここ数年、IoT（モノのインターネット）、AI（人工知能）といった言葉が世間を賑わせているが、これらに5Gが加わる。IoTやAIが第1章で述べるデジタル変革（DX：デジタルトランスフォーメーション）を実現するための手段であると同様、5Gもデジタル変革を支える無線通信技術である。5Gが登場することで、デジタル変革を支えるインフラが完成するといっても過言ではない。

5Gはスマートフォンだけではない

5Gが今までの移動通信システムと大きく異なる特徴は、5Gの主役がスマートフォンに限られないことだ。ありとあらゆる「モノ」が5Gに取り込まれていく。今までインターネットに接続されていなかった「モノ」までもが、5Gの登場によってインターネット接続されるようになる。

建設機械、工作機械、物流で使われるパレット、スーパーマーケットの値札、手術ロボットなど、あらゆるモノが5Gでインターネット接続される。

4Gまでのサービスの主たる対象は、人であった。電話、コミュニケーション、インターネットなど、人に対するサービスがメインであった。

これに対して、5Gでは、「モノ」が加わる。まさにIoTと呼ばれるモノのインターネットの世界だ。20年前にユビキタスという言葉でクルマや機械などありとあらゆるものがネットにつながる世界が注目を浴びたが、IoTを支えるセンサー、クラウド、通信技術などは20年かけて使いやすく身近なものとなり、移動通信システムにおいても5Gで「モノ」が取り込まれ、インターネットにつながることになる。

移動通信システムの開発には長い年月を要する。要件の検討から実用化まで10年程度かけて行われる。5Gの検討が始まった2010年頃には、既にあらゆるモノがインターネットに接続される動きは予想されており、モノまでを対象とする移動通信システムとして5Gは開発されることになった。

「低遅延」「多数同時接続」の2つが新しい軸

現行速度の100倍ともいわれる「超高速」、情報のやり取りの遅延時間が1000分の1秒という「低遅延」、1平方キロメートル圏内に100万台もの端末(デバイス)を接続できる「多数同時接続」の3つが5Gの特徴だ。

これらのうち、5Gで新たに登場した軸が「低遅延」と「多数同時接続」である。「超高速」は1Gから4Gまでの高速化の流れを延伸したものであるのに対して、5Gでは新たに低遅延と多数同時接続という2つの軸が加わる。

高速化は今までのサービスの延長線上にあるため理解しやすい。高精細の映像伝送、スタジアムでの多視点映像配信、AR(Augmented Reality：拡張現実)/VR(Virtual Reality：仮想現実)でのリアルな体験など、5Gでは映像系のサービスを円滑に提供できるようになる。

一方、低遅延と多数同時接続は、今までのサービスとは軸が異なるため、それによってどのような価値を創出できるのかをこれから探っていかなければいけない。5Gの実証実験では、遠隔制御、自動運転、手術支援など多くの検証がなされているが、これらにとどまるものではない。

例えば、低遅延の特徴を活かせば、カメラ映像を分析して、映像に映っている人物の性別や年齢などの属性情報を取得し、属性情報に応じた広告をリアルタイムに表示するリアルタイムターゲティング広告表示が可能となる。また、監視カメラの映像中の顔部分をリアルタイムに検知して、ぼかしを入れるなどの処理も可能となり、個人情報を考慮しながら監視業務を行うことも可能となる。

5GはF1、4Gはゴーカート

「超高速」「低遅延」「多数同時接続」の3つが5Gの特徴であるが、提供サービスの視点からみると、今の4Gでも類似のサービスを提供できることに留意されたい。

すなわち、4Gと5Gとを無理やり切り離して考える必要はない。4Gに新しい性能軸を加えて、性能向上を着実に図ったものが5Gという認識であっても良い。5Gでしか実現できないサービスというのは、かなりハイエンドのサービスのみと考えて問題ない。「低遅延」や「多数同時接続」の新しい軸に関しても、4Gまではこれらの性能に関して重点が置かれていなかったというだけである。

無理やり喩えてみると、5GはF1レベルのサービス、4Gはゴーカートレベルのサービスという感覚である。ゴーカートレベルであっても、基礎的なサービスは実現できる。これがF

１レベルになることによって、違和感なく円滑にサービスを提供できるようになるとともに、新しい体験の提供にもつなげることができる。

例えば、４Ｇを使った自動販売機の在庫管理システムは既に展開されている。自動販売機に４ＧのＳＩＭカードを埋め込むことで、在庫情報などを遠隔で把握することができている。５Ｇになれば、より少ない消費電力で、より多くのＩｏＴデバイスをネットワークに接続できるようになる。遠隔制御などのように、リアルタイムで制御情報をやり取りするようなサービスでなければ、今の４Ｇでも十分対応できる。

また、LoRaやSigfoxといったＩｏＴ向けの無線通信技術を使ったサービスも実現されている。水位量を測る水田センサーなどには、このようなＩｏＴ向け無線通信技術が埋め込まれている。必ずしも５Ｇが必須なわけではない。

５Ｇのインパクトは、このようなデジタルな世界を、全国隅々にまで広く手軽に展開できることにある。５Ｇが全国エリアをカバーすればどこでもモノのインターネットを実現できるようになる。５Ｇがあらゆるものに埋め込まれ、無線ＬＡＮのように手軽に使えるようになる世界になれば、デジタル化があらゆる場所にまで行き渡ることになる。

デジタル変革のドライバー

５Gは人のみならずモノを対象とすることから、あらゆる産業分野が５Gの顧客だ。ＩｏＴやＡＩとともに、５Gがデジタル変革のドライバーとなる。すべての産業分野に影響を与える技術を「汎用技術(General Purpose Technology)」と呼ぶが、５Gの登場によって、ＩｏＴやＡＩなどとともに情報通信技術が真の意味での汎用技術になるだろう。

経営学者のピーター・ドラッカーは、汎用技術である蒸気機関が社会に与えた影響は鉄道を作ったことではなく、鉄道というインフラがあったからこそ、あらゆる産業が変わっていったことにあると喝破している。同様に、ＩｏＴ、ＡＩ、５Gなどのインフラの整備が、あらゆる産業の変革をこれから引き起こしていく。これこそデジタル変革である。

ＩｏＴやＡＩといった言葉がはやり始めた２０１５年頃から、地方の経営者協会、経済同友会、商工会議所などから声をかけていただくことが多くなってきた。５Gという言葉が目立つようになってきたことで、より多くの人々の意識が変わりつつあることはありがたい。情報通信技術に親近感を持ってもらい、いろいろな現場でデジタル化を一歩一歩進め、人口減少時代における経済の活性化につなげていくことができれば素晴らしい。

デジタル変革においては、ＩｏＴやＡＩをどこの現場にどのように使うかに気づくことが第一である。５Ｇにおいても5Ｇを活かすことのできる現場ニーズに気づくことが重要だ。５Ｇの特質を踏まえて、仕事や生活のプロセスを見直し、５Ｇをどこに使えば良いのか考えることで、デジタル変革があらゆる産業領域で進んでいけばと願っている。

本書では、５Ｇがどのように社会や産業に影響を与えていくのか、５Ｇの背景や技術も交えながら紹介していく。また、５Ｇに対して、どのような姿勢で向き合えば良いのか、私なりの視点もお伝えしたい。

５Ｇに対して多くの人々が親近感を抱き、一緒に5Ｇの活用方法を考えながら、デジタル変革を進めていくことができれば望外の喜びである。

第１章　5G の本質

5GとIoTやAIの関係

デジタル変革とは、仕事や生活の中のアナログのプロセスをデジタル化して得られたデータが、社会や産業のあり方を変えていく一連の経済活動のことを指す。

図1-1に示すように、製造プロセス、モビリティ、スマートハウス、医療・健康、インフラなどの事業領域からIoTを活用してデジタルデータを収集する。収集されたデータが蓄積されビッグデータとなり、AIを用いて解析・分析される。分析結果がリアルな世界に反映され、判断の高度化や自動制御の進展につながる。そして、また事業領域の現場からさらにデジタルデータを収集する。

重要なのは、この一連のループを回すことにある。すべての産業領域において、このようなループを回していき、大きな社会的価値を生み出すのがデジタル変革である。当たり前のことであるが、IoTやAIといった技術を使うことが重要なのではない。5Gも含めたこれらの技術を使って一連のループを回し続けることが大切になる。

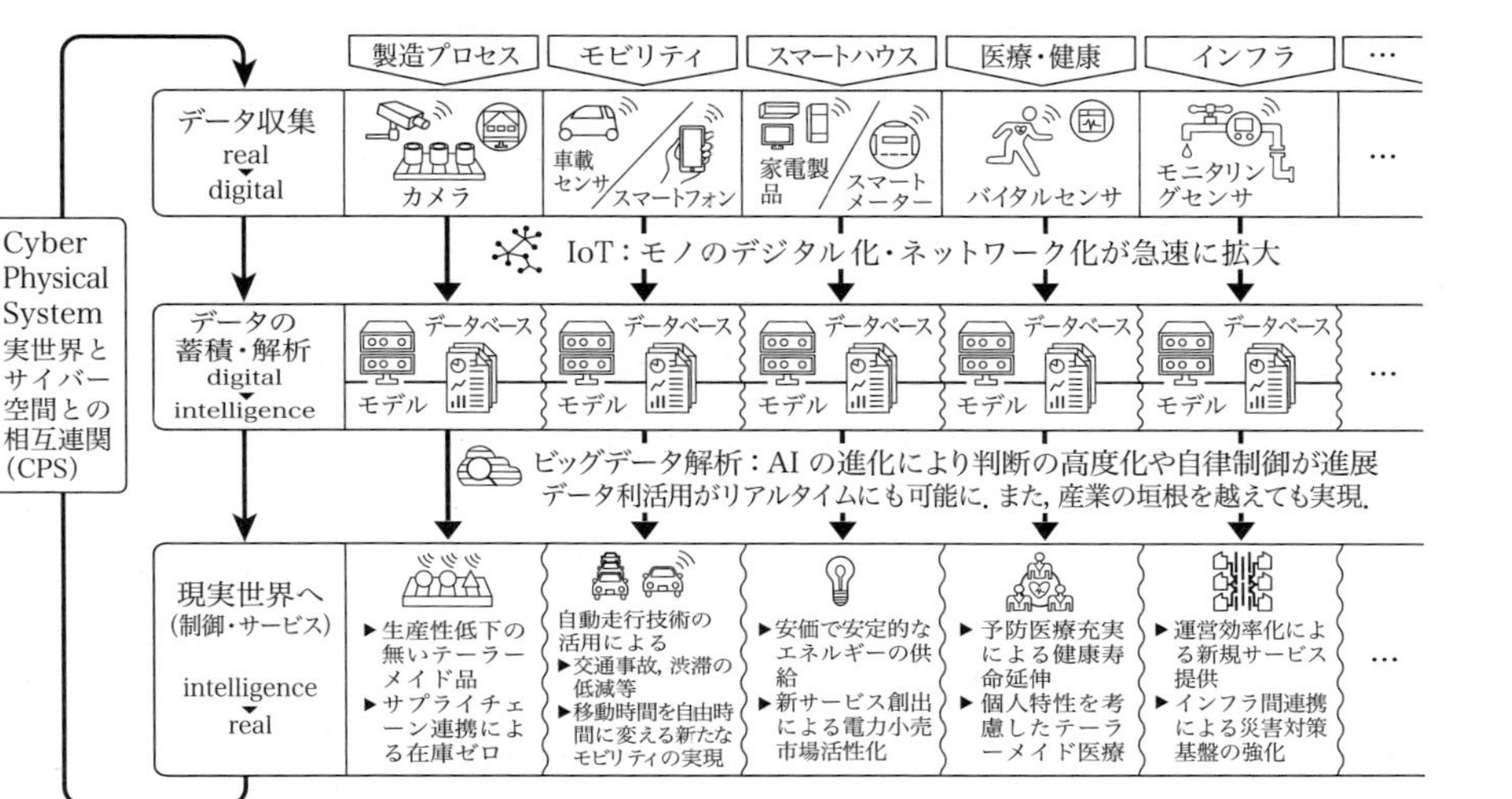

図1-1　デジタル変革とは

出典：経済産業省商務流通情報分科会情報経済小委員会，中間とりまとめ，2015年5月

この一連のループの中で、ＩｏＴ、ＡＩ、ビッグデータは次のように位置づけられる。ＩｏＴは、リアルな世界でのアナログの処理をデジタル化して、データを収集するプロセスである。収集したデータの量が膨大であればビッグデータとなる。ＡＩは収集されたデータを分析するプロセスだ。

収集したデータの量が小さければスモールデータとなるが、スモールデータだからといって悲観することはない。例えば、埼玉県川越市のイーグルバスは、路線バスにＧＰＳセンサーと乗降客数センサーとを設置し、どのバス停で何人の乗客が乗り降りした、といったデータを収集し、バスのルートや時刻表の再設定を行うことで、収益を大幅に改善している。データの量が少なくても、意味のあるデータは存在する。ビッグデータという言葉に踊らされることはない。データの量ではなく、どのようなデータを収集すれば良いかを深く考察しながら、一連のループを回し続けることが重要だ。

この一連のループの中で５ＧはＩｏＴのための無線通信技術として位置づけられる。リアルな世界からデータを収集するためには、いろいろな通信規格を使うことができる。無線ＬＡＮでも、ＩｏＴ向け無線通信規格であるLoRa、Sigfox、NB-IoTでも良い。もちろん４Ｇでも良い。５Ｇが登場したことで、５Ｇという無線通信規格が新たな選択肢として加わることになる。

我々が日常使っているインターネットも、特別な通信媒体を使っているわけではない。通信媒体は、電話線（銅線）や光ファイバーといった有線でも、無線でも構わない。送受信するデータのやり取りの仕組みだけを決めているのがインターネットであり、データが実際に流れる通信媒体は何を使っても良いのである。

なぜ5Gが注目を集めているのか？

５Ｇは数多くある通信規格の１つであり、デジタル変革のループを回すにあたって５Ｇが必須なわけではない。それにもかかわらず、５Ｇがここまで注目を集めている理由は何か。３つある。

１つめの理由は、高速性や多数同時接続といった特質により、多種多様なデバイスが５Ｇに接続され、５Ｇが膨大なデータがやり取りされる基盤となり得ることだ。５Ｇでは、街に敷設したセンサーから大量のデータを集め活用することで、環境に配慮しながら人々の生活の質を高め、継続的な経済発展を目的とするスマートシティを実現することも可能になる。

「データは21世紀の石油」「データ・ドリブン・エコノミー」「データ駆動型経済」などとも呼ばれるように、データを起点とした事業創出が求められている現在、多種多様の膨大なデータをやり取りできる基盤となり得る5Gへの期待が高まっている。

原油の採掘や精製と対比させて、データの収集や分析に必要なことは何かを説明できる。原油の採掘にあたっては、採掘する場所の選定が重要である。同様にデータの収集においても、どこからどのようなデータを収集すれば良いかが重要となる。現場のことを深く理解した上でどのようなデータがあると価値創出につながるのか、しっかりと考えなければいけない。

原油は精製してはじめて、燃料油、石油化学製品など多種多様な石油製品となる。原油を採掘しただけでは使い物にならない。データにおいても、収集したデータを「精製」して価値のある情報に変換しなければいけない。どのような情報を抽出してどのような価値につなげていくのかを深く考えながら、データの「精製」処理を進めていくことが重要になる。

2つめの理由は市場だ。基地局、基地局までの光回線、ネットワーク装置、端末、部品、コンテンツ/サービスなど、膨大な市場が生まれることが期待されている。移動通信事業者は基

地局の設置などで、2024年度までに合計でおよそ1兆6000億円を投資するといわれている。日本経済全体の景気を左右するくらいの特需である。米国では、5Gへの投資を通じて300万人の米国人の雇用を生み出すとの推計もある。

総務省は5Gによる経済効果を約46兆8000億円と試算している。自動運転の普及など交通分野で21兆円、製造業・オフィス関連でもIoT活動で13兆4000億円の効果があるという。英調査会社IHSマークイットは、2035年までに世界規模での経済効果が最大で12兆3000億ドルに上ると試算している。商用化が本格化することで世界のGDPを約3兆ドル押し上げ、5G関連のバリューチェーン(価値連鎖)全体で2200万人の雇用が創出されると予測している。さまざまな製品にセンサーを取り付けて管理するIoTが一気に進み、生産や物流などが大幅に効率化されれば、経済全体に与える影響は格段に大きい。経済を飛躍的に成長させる力を秘めているからこそ、5Gをめぐる国際競争は激しさを増しつつある。

3つめの理由は、あらゆる産業分野が対象になることだ。5Gは、ありとあらゆるIoTデバイスをつなげることができるため、第一次産業から第三次産業まで、すべての産業領域に入り込む可能性を秘めている。4Gまでは人へのサービスが中心であったため消費者向けのB2C(Business to Customer：企業と一般消費者の取引)が主であったのに対し、5GではB2B(Business to Business：企業間取引）にまで顧客が広がることで市場が大幅に拡大する。そのため、4Gまでと比べて、5Gへの注目度は格段に高い。

5Gは周波数帯に着目せよ

諸外国は2019年に5Gサービスを始めているのに、日本は2020年のサービス開始で遅れている、という話をよく聞くが、用いている周波数帯を知ることが必要だ。

5Gが用いる周波数帯には、ハイバンド（24ギガヘルツ（GHz）帯以上）、ミッドバンド（1～6ギガヘルツ帯）、ローバンド（1ギガヘルツ帯以下）の3種類がある（第5章で詳述）。2019年4月に総務省が割り当てた5G周波数は、ハイバンドの28ギガヘルツ帯、ミッドバンドの3・7ギガヘルツ帯と4・5ギガヘルツ帯である。

そして、ハイバンド、ミッドバンド、ローバンドでは、同じ5Gといっても性能はかなり違う。「2時間の映画をわずか3秒でダウンロードできる」という話は、ミリ波と呼ばれるハイバンドの周波数帯を使ったものだ。ハイバンドの基地局が密に設置されて初めて、「すごい」5Gサービスが提供される。

例えば、韓国では予想を上回る速さで5Gの利用者が増えている。しかし、韓国が使っている周波数帯はミッドバンドで、現在の携帯電話の延長といっても良い。

ミリ波のハイバンドは、歴史上初めて携帯に使う周波数帯である。高速大容量の通信が可能になるものの、直進性が強く、電波が回り込まない。そのため、つながりやすくするためには、基地局を密に設置しなければならず、設備投資に多大なコストがかかる。

これに対して、ミッドバンドとローバンドは、現在の携帯電話でも使われている周波数帯であり、使いやすい。５Ｇを一気に展開しようとすれば、ミッドバンドやローバンドを使った方がやりやすい。ただ、「すごい」５Ｇは実現できない。

２０１９年に総務省が割り当てた５Ｇの周波数帯はハイバンドとミッドバンドの一部であるが、今後も５Ｇ周波数は追加で割り当てられていく。ミリ波のハイバンドでは、より高い周波数帯の割り当てが進む。ミッドバンドやローバンドでも、さらに５Ｇ周波数帯が割り当てられる。

５Ｇの性能は周波数帯によって大きく違ってくること、５Ｇ周波数帯が順次割り当てられていくことによって５Ｇは徐々に進化していくことを認識しておくことが大切だ。

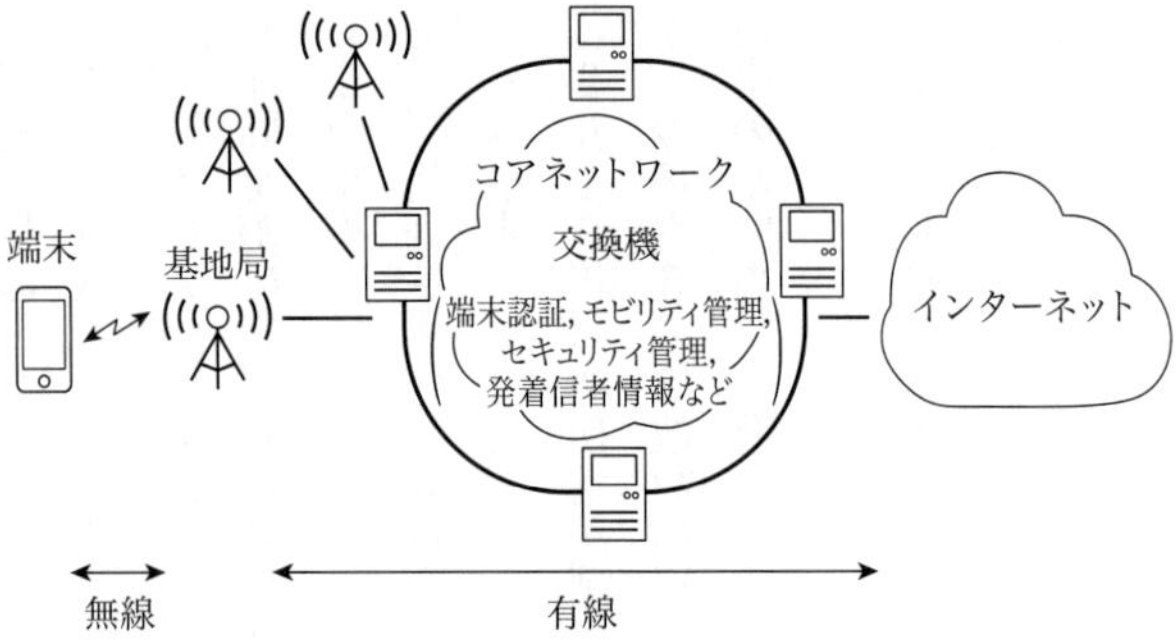

図1-2　移動通信システムのイメージ

5Gは無線部分と有線部分とから構成される

移動通信システムは、スマートフォンなどの端末と基地局との間を電波で通信を行う無線アクセスネットワークと、基地局とインターネットとをつなぐ有線のコアネットワークとから構成される(図1―2)。建物の屋上や壁などにアンテナが設置されているのが基地局である。スマートフォンはこれらの基地局の1つと無線で通信を行っている。

一方、コアネットワークは、基地局から先の裏方部分で、さまざまな装置群が光回線で結ばれている。移動しながらも通話が切れることがないのは、このコアネットワークで制御しているためだ。移動に合わせて近くの基地局にその都度切り替えるハンドオーバーと言われる機能を担っている。また、端末認証や課金やセキュリティ管理などの機能もコアネットワークで提供している。

端末と基地局の間は単に電波で情報のやり取りをしてい

るだけであるのに対し、携帯電話サービスが提供するほとんどの機能は基地局の先の有線のコアネットワークで実現している。コアネットワークで障害が起きると、つながりにくくなったり、通信ができなくなったりするため、高い信頼性が要求される。裏方ではあるが、とても重要な部位がコアネットワークであり、通信事業者の運用部門は日々通信障害が起こらないようコアネットワークを管理している。

5Gでは光回線が重要

５Ｇではミリ波と呼ばれる高い周波数の無線も使う。高い周波数を使うと、半径数百メートルのエリアにしか電波は届かない。そのため、１つの基地局がカバーするエリアが小さくなる。１つの基地局で１キロメートル以上をカバーできていた４Ｇと比べて、多くの基地局を設置することが必要となる。

５Ｇ基地局は有線の光回線で接続される。大容量データがやり取りされる５Ｇでは、光回線が必須になるからだ。実は、日本の光回線の敷設率は諸外国と比べて格段に高い。光回線の上に５Ｇ基地局がのることになるため、全国くまなく光回線が敷設されている日本は他の国と比して５Ｇ展開に高い優位性を有する。

光回線の敷設は、NTT東日本やNTT西日本（以下、NTT東西）が中心となって担ってきた。そのため、移動通信事業者が基地局を設置するには、NTT東西が敷設してまだ使われていない光回線「ダークファイバー」を借りて基地局を接続する。

しかしながら、NTT東西の光回線提供エリアは主に居住地域である。総務省の5G開設指針では、居住地だけでなく都市部・地方を問わず、工場などの事業可能性のある場所もエリア化するよう求めているため、これまで以上に光回線の敷設が求められる。

NTT東西のダークファイバーは、2001年に他事業者への開放が義務付けられ、他事業者が一定の料金を支払って使えるようになった。同じNTTグループのNTTドコモであっても、基地局を増やすにあたってはNTT東西からKDDI、ソフトバンク、楽天と同じ条件でダークファイバーを借りなければならない。

5Gのサービス対象カバーエリアの拡大促進にあたっては、光回線の整備もあわせて考えていく必要がある。

「超高速」「低遅延」「多数同時接続」

5Gの無線部分の特徴は、「超高速」「低遅延」「多数同時接続」の3つである。

「超高速」では、現行4Gの100倍となる毎秒10ギガビット（ギガは10億：10Gbps）以上の通信速度が実現される。そのため、前述したように総務省は、4Gで使っていた3・6ギガヘルツ以下の周波数帯ではなく、新たに3・7ギガヘルツ、4・5ギガヘルツ、28ギガヘルツの周波数帯の電波を2019年に割り当てた（図1-4）。4Gで使っている周波数帯は混んでいて新たに割り当てることが難しく、より高い周波数帯を使わざるを得ない。技術の進展により高い周波数帯を使えるようになったためであるが、ミリ波と呼ばれる28ギガヘルツは相対的に空いているため、より広い帯域幅の周波数を使うことができるのがポイントだ。帯域幅は道路の幅のようなもので、帯域幅が広ければ広いほど、より多くのデータを高速に送ることができるようになる。

　高速通信が可能になると、五輪会場やコンサート会場など利用者が密集する環境でも高精細な動画を視聴しやすくなる。また、大容量のデータをダウンロードするのも楽になる。4Gで約5分かかっていた2時間程度の映画のダウンロードが、

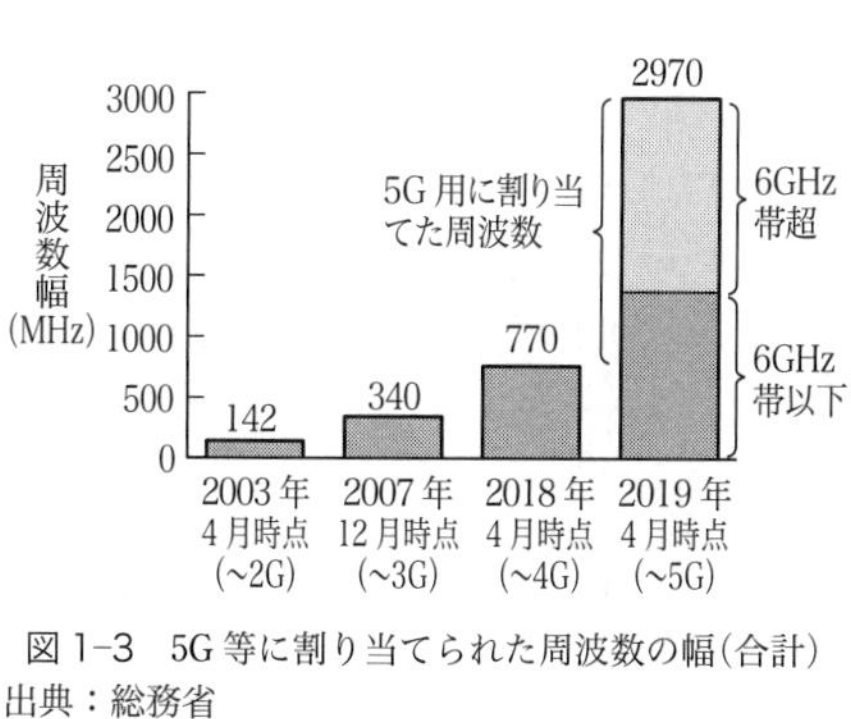

図1-3　5G等に割り当てられた周波数の幅（合計）
出典：総務省

5Gなら3秒程度で済み、新しい視聴体験を提供できる。

「低遅延」では、基地局と端末の間でデータを送受信する際の遅延時間が大幅に短くなり、4Gの10分の1にあたる1ミリ秒(1000分の1秒)まで小さくなる。自動運転でいうと、運行管理システムからの指示伝達が少し遅れただけでもブレーキ操作にずれが生じ、事故につながりかねない。遠隔手術支援の場合も同様で、致命的なミスを防ぐためには低遅延化が欠かせない。

低遅延化を実現するにあたって登場するのが「エッジコンピューティング」だ。現在行われている一般的な通信は以下のような仕組みでなされている。まずスマートフォンなどの端末と最寄りの基地局が無線で通信する。その後、通信事業者の設備を通ってインターネットに出ていき、クラウドとデータのやり取りをする。5Gで無線区間の低遅延化が進んでも、実際にはその先のクラウドまでいろいろな機器を介してたどり着かないといけないため、時間がかかってしまう。

そこで、できるだけユーザー端末に近い場所に、従来クラウドで実施していた処理の一部を行うエッジサーバーという専用のサーバーを置き応答を高速化する。データをやり取りするサーバーとの距離を物理的にもネットワーク的にも短くして、遅延をできるだけ小さくする。ク

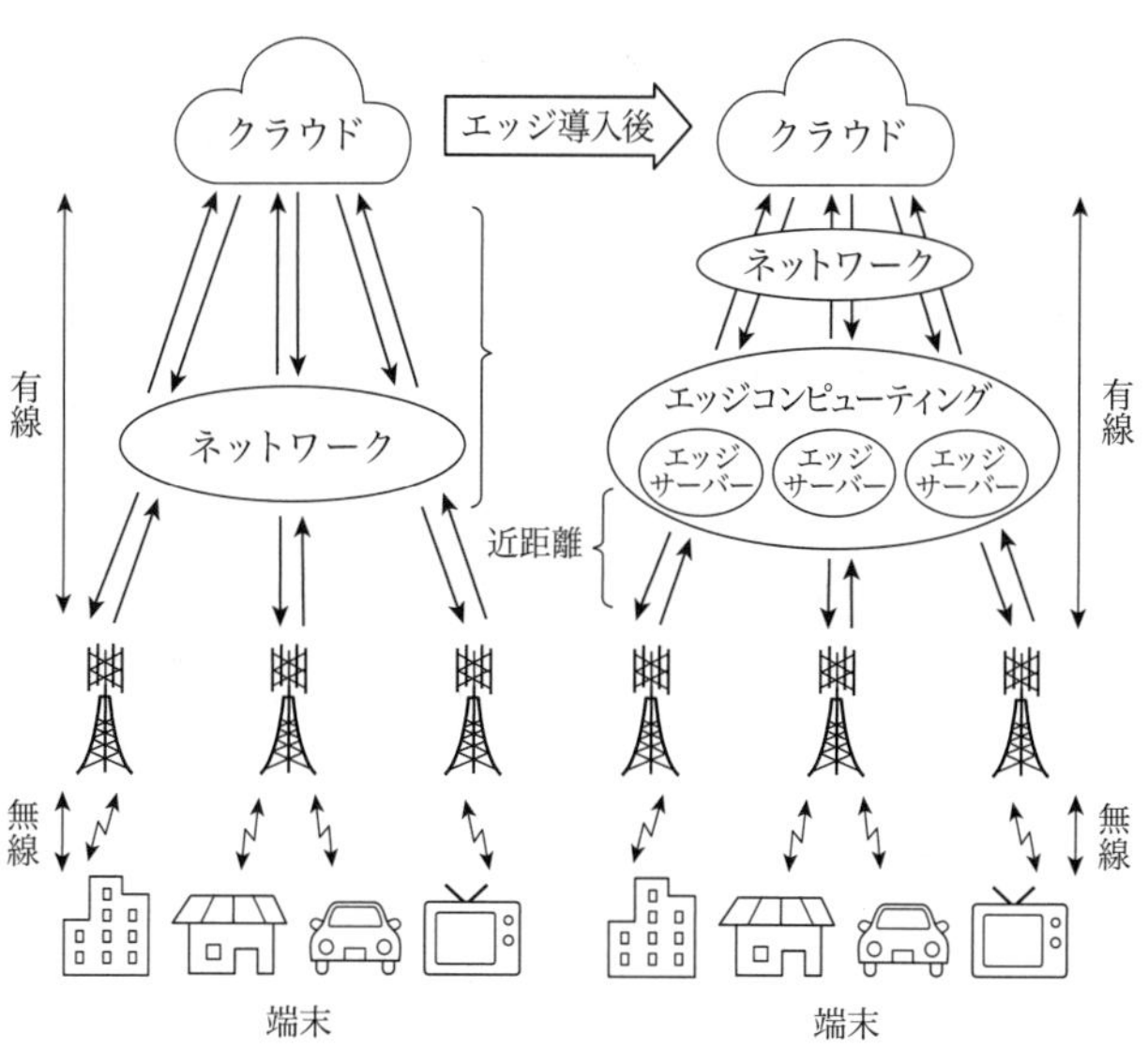

図1-4　エッジコンピューティング

ラウドの一部の機能を物理的に分散させて配置したものが、エッジコンピューティングだ(図1-4)。

「多数同時接続」では、一定のエリアで基地局に同時に接続できる機器数が大幅に増える。1平方キロメートルのエリア当たり最大100万台が接続可能で、4Gの100倍になる。縦横各1メートル間隔でセンサーなどの端末を配置しても、5Gの基地局ですべての端末を同時に接続できる。スタジアムやイベント会場のように多くのユーザーが密集した環境や、災害時のように多数の同時アクセスが想定される状況などでも、安定した通信を提供することができる。

表1-1　5Gの主な数値目標

活用シーンの種類	項　目	数値目標
超高速モバイル通信（Enhanced Mobile Broadband: eMBB）	最大通信速度	20 Gbps（下り） 10 Gbps（上り）
	データ通信の最大遅延時間	4ミリ秒（上り／下り）
大量・多地点通信（Massive Machine-Type Communication: mMTC）	デバイスの密集度合い	100万デバイス／km^2
	端末のバッテリー寿命	10年以上（15年が望ましい）
超高信頼の低遅延通信（Ultra-reliable and low latency Communication: URLLC）	データ通信の最大遅延時間	0.5ミリ秒
モバイル全般	対応可能な最大移動速度	時速500 km
	不通時間（mobility interruption time）	0ミリ秒

出典：3GPP TR 38.913 version 14.3.0 Release 14，2017年10月

「ネットワークスライシング」技術（ネットワークを仮想的に分割する技術、第5章で詳述）が、「超高速」「低遅延」「多数同時接続」を実現するために必要となる。5Gでは、高精細映像など高速に伝送しなければいけないデータから、人感センサなどの頻度の少ない小容量なデータ、さらには自動運転向けなどの低遅延で高信頼性が要求されるデータなど、さまざまなデータが飛び交うことになる。多種多様のデータを5Gでやり取りするために、5Gで使う周波数を「高速・大容量向け」「低頻度・小容量向け」「低遅延・高信頼向け」などの領域に区切って相互に干渉を与えないようにする。4Gではなかった5Gの新しい技術である。

上り通信の高速化

「超高速」「低遅延」「多数同時接続」の3つの特徴の影に隠れているが、「上り通信の高速化」も5Gの大きな特徴の1つである。

「上り」は端末から基地局にデータを送る流れで、「下り」は基地局から端末にデータを送る流れのことを言う。

4Gまでは、スマートフォンなどの端末に、動画など容量の大きいコンテンツを送信することに重きを置いていたため、上りよりも下りに多くの周波数帯域を重点的に割り当てていた。5Gで無線区間の大容量化がさらに進むことで容量に余裕が生じ、より多くの帯域を上りにも割り当てることができるようになる。

上り通信の高速化が進むことで、高精細カメラやイメージセンサーで取得した画像／映像データを端末からクラウドに送信することができるようになる。イベントのリアルタイム中継、パブリックビューイング、高精細VRコンテンツ配信などに加え、車両、ロボット、ドローンなどにも高精細カメラが搭載され、高精細映像を用いたサービスが花開くことになろう。

工場での製品検査を画像認識で行う場面でも、上り通信の高速化は望ましい。ベテラン作業者の目視に頼ってきた製品の外観検査を機械学習で行うにあたっては、高精細カメラの画像データを大量にサーバーに転送しなければいけないためだ。

上り通信を今まで以上に快適に行うことができるようになることで、無線の適用範囲が一気に広がることになる。

B2CからB2Bへ

5G時代の端末は、スマートフォンだけではない。人や機械の動きと連係したリアルなサービスを含む多様な分野で5Gが活かされる。

4GまではB2Cで一般消費者に対するサービスが主たるものであった。1Gは電話、2Gはメール、3Gは写真、4Gは動画で、世代ごとに一般消費者に提供するサービスの幅を広げていった。

これに対して5GはB2Bの企業対企業でのサービス提供が加わる。2019年2月にスペイン・バルセロナで開催されたモバイル関連で最大のイベント、「MWC19バルセロナ」では、製造分野では工場内の協調ロボット、自動車分野ではコネクテッドカーや遠隔操縦ヘリ、建設分野では建設機械の遠隔操作、小売り分野では無人店舗、医療分野では手術支援、セキュリティ分野ではドローン監視、エンターテインメント分野では多視点切り替えスポーツ中継など多様な業種でのデモが行われていた。

すべてのモノに5GのSIMカードが埋め込まれることで、ありとあらゆるモノがインターネットに接続される世界が構築される。これからはリアルな世界にまでインターネットがしみこみ始めていく。わが国がSociety（ソサエティ）5.0と呼んでいる世界である。「サイバー空間（仮想空間）とフィジカル空間（現実空間）を高度に融合させたシステムにより、経済発展と社会的課題の解決を両立する人間中心の社会（ソサエティ）」がSociety 5.0である。狩猟社会（Society 1.0）、農耕社会（Society 2.0）、工業社会（Society 3.0）、情報社会（Society 4.0）に続く社会だ。

ポイントはモノがつながることで、リアルな世界からデータがあがってくることだ。IoTの世界が到来し、通信の主役が「ヒト」から「モノ」に変わる。スウェーデンの通信機器大手エリクソンによれば、2024年の携帯電話の契約数は89億台だが、IoT端末の数は220億に達するという。5Gの登場で、多くのモノがインターネットにつながることになるだろう。

巨大IT企業GAFA（グーグル、アマゾン、フェイスブック、アップル）などのプラットフォーマーはサイバーな世界での覇者である。サイバーな世界で膨大なデータを収集し、プラットフォーマー（サービスやシステムの基盤（プラットフォーム）を提供する事業者）としての位置を確立していった。これに対して、5Gの時代には、リアルな世界においてデータを収集しプラットフォーマーとなる企業が登場してくるかもしれない。リアルな世界は多様であり、GAFAだけではすべてを掌握することができない。５Ｇがデジタル変革を促す触媒となり、すべての産業を変えていくきっかけとなる。どの産業分野の企業であってもチャンスがある。５Ｇがデジタル変革に取り組む契機となることに期待したい。

ローカル５Ｇ——通信事業者以外が対象の自営５Ｇ

ローカル５Ｇは、通信事業者以外でも自前で５Ｇを敷設できる目玉施策だ。自治体や工場などの土地・建物の所有者が自前の５Ｇ網を構築できる。ＮＴＴドコモ、ＫＤＤＩ、ソフトバンク、楽天モバイルネットワークスの４社の全国サービス事業者が提供する公衆網に対し、敷地内などエリアを限定して自前の５Ｇ自営網を構築するものだ。なお、全国サービス事業者４社は、ローカル５Ｇを提供することはできない。

総務省は、ローカル５Ｇを「地域のニーズや多様な産業分野の個別ニーズに応じて、さまざまな主体が柔軟に構築、利用可能な５Ｇシステム」と位置付けている。公衆網に割り当てる周波数とは異なる周波数を用いるため、公衆網と干渉することはない。免許が必要となる周波数であり、他の電波とも干渉することはない。

ローカル５Ｇの意義は、かゆいところにまで５Ｇを行き届かせることだ。全国サービス事業者では、すべての産業領域での個別の顧客ニーズに丁寧に対応することは難しい。5Gを自営網として使えるようにできれば、Wi-Fiと同じような感覚で、限られたエリア内に基地局を設置して5Gを使うことができる。工事現場、工場、駅、病院、競技場などにおいて、サービスの受け手の要望に細かく応じやすくなる。

機密情報を自社内の通信網にとどめておくことができるほか、他の場所での通信障害や災害などの影響も受けにくい。電波が混み合って、つながりにくくなることもほとんどない。建設現場の重機制御といった期間限定の用途にも使える。屋内用の基地局は、Wi-Fiの基地局のように小さいサイズであり、免許さえあれば誰でも容易に設置することができる。

ローカル5Gで大切なのは、現場に関する知見だ。例えば、工場であれば、機械をローカル5Gに接続してどのような価値が創出されるのかを見出すことが大切だ。マーケティング的に言えば、「隠れたニーズ」を拾い出すことだ。多様な産業分野の現場を理解している人たちが「隠れたニーズ」を拾い出し、ローカル5Gを使って新しい価値を生み出していくことを期待したい。

ローカル5Gの運用には2つの形態がある。1つは土地や建物の所有者が自ら設備を導入して自営のローカル5Gネットワークを構築・運用する方法。もう1つは第三者にローカル5G

ネットワークの構築・運用を依頼する方法だ。後者は、所有者等の委任や同意を得たＩＴ企業や通信機器ベンダー(メーカー、または販売会社)がローカル５Ｇ免許を取得し、５Ｇシステムの構築・運用をトータルで請け負う仕組みだ。施主の同意を得た建設会社が免許を受け、建設機械の遠隔操縦を行うといったことも可能となる。また、ケーブルテレビ事業者が、高速ネット通信が導入されていない既存の集合住宅にローカル５Ｇを提供することも可能となる。集合住宅内の住宅１つ１つにまで有線の引き込み線を設置することなく、ローカル５Ｇで代替することで工事費などの投資額を抑えられる可能性がある。「ラストワンマイル」としての使い方だ。

ローカル５Ｇは、５Ｇの使い方を全国サービス事業者に任せるのではなく、企業が自ら考えて活用できる仕組みである。自営網のニーズを把握し、どのような性能をローカル５Ｇに求めるかを整理しながら、ローカル５Ｇのあり方を検討することで、５Ｇの適用領域が一気に広がることを期待したい。

５Ｇ基地局は徐々に広がっていく

総務省が２０１９年４月10日に５Ｇの周波数をＮＴＴドコモ、ＫＤＤＩ(沖縄セルラー含む)、ソフトバンク、楽天モバイルの４社の通信事業者に割り当て、９月のラグビーワールドカップ

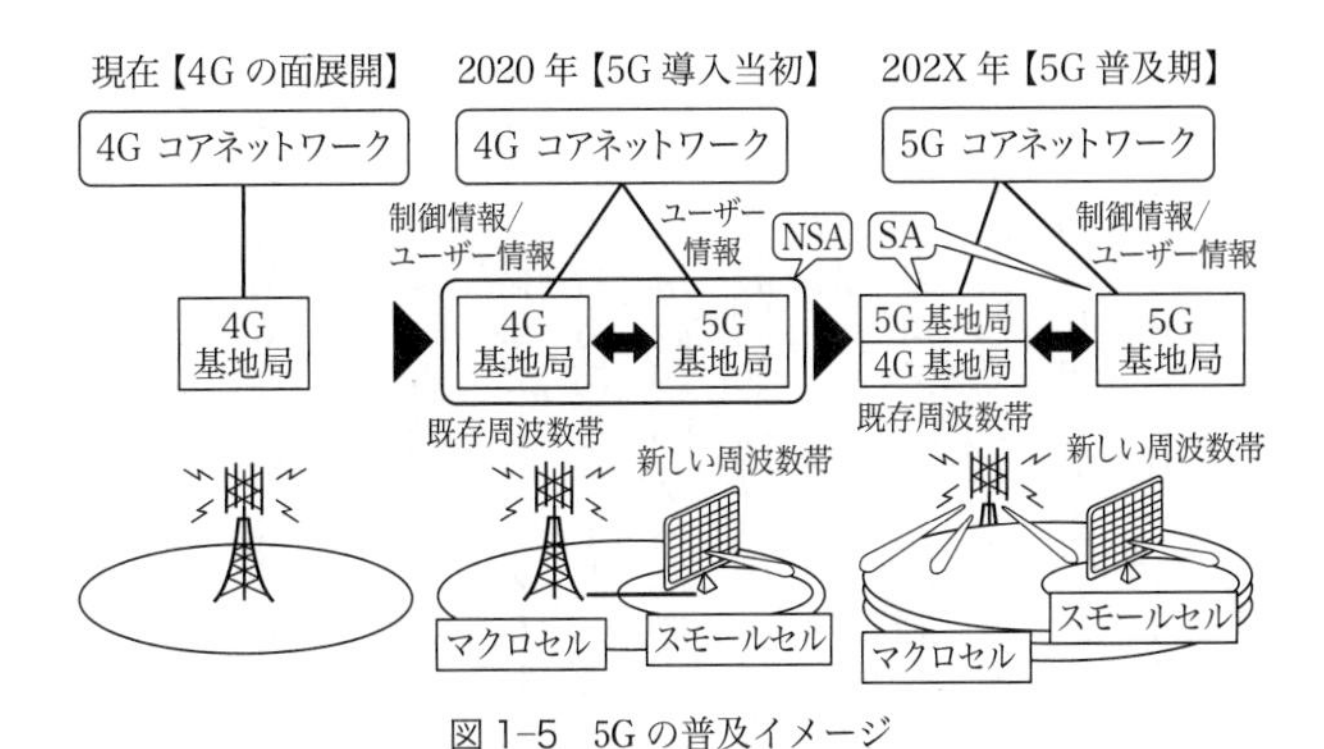

図1-5　5Gの普及イメージ

出典：総務省

の競技場などで5G試験サービスが始まった。そして、2020年春に商用サービスが開始される。

それでは、5Gのサービスエリアはどのように展開されていくのか。

5Gの導入当初のイメージは、「4Gの海」の中に「5Gの島」をぽつんぽつんと作っていくイメージだ（図1-5）。5Gだけで完結させずに4Gと連携させることから、これをノンスタンドアロン（NSA：Non-Standalone）型と呼ぶ。基本は4Gで、5Gエリアに入ったときに5Gで通信する形態だ。5Gのエリア内であっても通信の制御のやり取りは常に4Gで行い、データのやり取りのみを5Gで行う。面的広がりを有する4Gと高速な5Gのいいとこ取りで、シームレスなサービスを実現する。

基地局やコアネットワーク設備は、4Gの設備を使うことができるため、初期投資を抑え早期に商用化できる。また、5Gでは電波が届きづらくカバーエリアが限定されてしまうため、5Gがダメであっても確実に4Gで安定した通信を提供できるという利点もある。

そもそも5Gを展開するにあたっての課題は、設備投資コストと、基地局を設置するスペースの確保の2つである。5Gでは、今まで使われてきた周波数帯に加えて、新たに「ミリ波帯」と呼ばれる高い周波数帯を活用する。ミリ波は、広い周波数帯域をとることができるため、データを高速に伝送するには適しているものの、電波が飛ぶ距離が短い。数百メートルしか飛ばない場合もある。また、ミリ波は周波数帯が高くなり光に近くなるため、電波の直進性が高くなり、電波が回り込みにくく、障害物があると受信感度が低下してしまう。そのため、基地局を密に設置しなければいけない。4Gと比べて数多くの基地局の設置が必要となることが5Gの特徴だ。

設備投資コストと基地局設置スペースを踏まえると、4Gと連携させながら少しずつ5Gエリアを拡大していくことが現実的だ。そのため、導入当初の5Gエリアは限定的になる。既存の4Gのエリアの上に需要のある場所を少しずつ5Gエリア化していく。例えば、全国の道路をくまなく5Gエリア化するには少なくとも5年以上はかかるとみられ、自動運転のインフラとして使えるようになるのはまだ先のことになる。

人口カバー率からエリアカバー率へ

5Gがモノをも対象とするという特徴は総務省が求める開設指針にも表れている。4Gまでは人の居住地域をどれだけカバーできるかという、人口カバー率を携帯各社に求めていた。多くの国民が携帯サービスを享受できるよう、高い人口カバー率を達成する計画を持っている携帯事業者に電波を割り当ててきた。設備投資をせず、サービスエリアも広げないような事業者の参入を防ぎ、国民共有の財産である電波を有効に利用するための基準である。

4Gまでの人口カバー率は、ヒトが使うことを前提とした基準だ。当初の音声サービスから、メール、SNS、画像、映像といろいろなサービスが登場したが、サービスはあくまでもヒト中心であった。

5Gでは人口を基準とするのではなく、面積を基準としたエリアカバー率を求めることになった。5Gは、工事現場など人が居住していないエリアにも需要があるためである。具体的には、日本全国を無人地帯などを除いた10キロメートル四方の4500区画に分けて、5年以内に50%以上の区画に「5G高度特定基地局」と呼ばれる基地局を整備することを求めている。「高度特定基地局」とは、区画内の基盤となる基地局のことであり、高速・大容量の光回線で結ばれて高い収容能力をもつほか、小型の特定基地局(子局)をぶら下げることでエリアを柔軟に広げられるものを指す。ニーズに応じて柔軟に区画内に複数の基地局を展開することができれば、必要なときに子局を区画内に展開することができる。全国くまなく5Gのエリア化をするための基盤となる局である。

親局となる高度特定基地局を10キロメートル四方の区画ごとに整備することを求めたのが、5Gの開設指針だ。地方部を含めて需要のある場所をエリア化していく、人口の少ない地域であっても需要に応じてカバーエリアを形成していく考えがベースにある。

今回、総務省はすべての都道府県で5Gの高度特定基地局を運用する条件を付したため、NTTドコモ、KDDI、ソフトバンク、楽天モバイルの携帯電話4社は、少なくとも2020年度末までに全都道府県に5G高度特定基地局を設置することになる。4Gまでは、人口が密集する東京・名古屋・大阪から地方にサービスエリアが広がっていったが、5Gではこれまでとは違ったエリア展開を見せるはずだ。

地方でも均等に設置が始まる5G基地局

2019年4月10日、総務省が電波を割り当てた際の4社の計画によると、高度特定基地局の5年後のエリアカバー率は、NTTドコモが97・0％、KDDIが93・2％、ソフトバンクが64・0％、楽天モバイルが56・1％だ。そして、商用サービスの開始はNTTドコモが2020年春、KDDIとソフトバンクが2020年3月頃、楽天モバイルが2020年6月頃となっている。

基地局数はそれぞれ「8001局、5001局」、「3万107局、1万2756局」、「7355局、3855局」、「1万5787局、7948局」だ。前者は3・7ギガヘルツ及び4・5ギガヘルツ帯の基地局数、後者は28ギガヘルツ帯の基地局数。

エリアカバー率は、10キロメートル四方の区画に1つでも基地局があれば、その区画はカバーされたと見なされる。必ずしも隅々まで電波が届くわけではなく、場合によっては、その区画内の一部での利用にとどまる可能性がある。区画ごとに高度特定基地局を設置する理由は、地方や山間部の工事現場や工事施設などでの需要が喚起されたら、早期に必要な場所に必要な機能で子局となる特定基地局を展開できるようにするためだ。

4社とも2020年夏までに5Gサービスを開始し、2021年3月までにはすべての都道府県において最低一カ所で5G高度特定基地局の運用を開始する。地方でも均等に5G基地局の設置が進められる。

ただ、5年後のエリアカバー率は、NTTドコモとKDDIが90%超なのに対し、ソフトバンクと新規参入の楽天モバイルは60%前後にとどまる。各社のエリアカバー率の違いは、5Gの市場に対してのアプローチの違いだ。NTTドコモとKDDIの高いエリアカバー率は、人の住んでいない地域や過疎地をカバーエリアとすることで、自動運転、建設機械の遠隔操縦、遠隔医療、山岳遭難対応、自然災害対応などといった新しい市場を率先して開拓していく意欲の表れだ。

これに対して、ソフトバンクと楽天モバイルは、背伸びすることなく、まずは都市部での利用を主眼として人口カバー率に重きを置いている。ソフトバンクは2021年末までに90%を超える人口カバー率を達成すると強調している。人の居住地域以外では大きな市場がすぐに立ち上がることはないとの考えに基づいている。

5Gの基地局投資はこれからの通信事業者の重荷としてのしかかる。4Gでようやく人口カバー率99・9%を達成したにもかかわらず、息をつく間もなく、5G投資に取り掛からないといけない。設備投資額は、NTTドコモ、KDDI、ソフトバンク、楽天モバイル、それぞれ約7950億円、4667億円、2061億円、1946億円だ。人が居住しているエリアに加えて、人の住んでいない地域や過疎地までエリア化していかなければいけないため、投資額を考えながら少しずつ展開せざるを得ない。

さらに、政府からは携帯電話料金の大幅な引き下げを強く求められ、値下げ競争も始まる。楽天モバイルの参入で料金値下げ競争は拍車がかかる。

人が住んでいない地域や過疎地でどれだけの投資対効果が見込めるのかが見えていない中で、どのように5Gに投資を進めていくのかは悩ましい。各社とも、需要に応じて5Gを展開していくという考え方は共通だが、投資コストの回収が見えていない中、新しい市場の開拓を積極的に攻めていくのがNTTドコモとKDDI、投資対効果を現実的に判断しながら着実に展開していくことを考えているのがソフトバンクと楽天モバイルだ。

5Gスマートフォンの普及には時間がかかる。2つの理由から、どうしても高価になってしまうためである。

1つは、ミリ波は新しい周波数帯であり、アンテナ設計のハードルも高く、部品も高コストになってしまうためだ。誰でも低コストで簡単にスマートフォンを作ることができる

という印象ではない。
もう1つは、端末購入補助の打ち切りだ。政府主導の携帯電話料金の大幅な引き下げの一貫として、通信料金と端末代金の完全な分離がなされる。端末購入補助がなくなるため、5G対応のスマートフォンは10万円を超えるかなり高価な製品になる見通しで、5G対応スマートフォンが一気に普及するイメージは浮かびにくい。

B2CからB2B2Xへ

参入許可にあたっての評価基準として、従来の人口カバー率ではなく、エリアカバー率を導入したことは、今までのモバイル市場とは異なる市場構造を5Gが想定していることを意味する。

4Gまでは、高速化をベースとして一般消費者向けのB2Cサービスの競争であったため、5Gでも同様にB2C中心の展開を予想しがちだが、総務省の5G総合実証実験や通信事業者の5Gへの取り組みなどからもわかるように、ほとんどすべてが今までとは異なる市場を視野に入れている。

例えば、総務省の5G総合実証実験では、「公道でのトラックの隊列走行」「複数建機の遠隔協調操作」「除雪車の運行支援」「スマートハイウェイによるインフラ監視の高度化」「ロボットやセンサーを活用したスマート工場」「鉄道の安全運行支援システム」「動くサテライトオフィス」「救急搬送」などが実施されている。5Gをすべての産業領域に展開させ、デジタル変革を促していくことを目的としたものだ。

このため、通信事業者各社は、パートナー企業と連携を深め、新たなサービスの創出につながる種まき活動を行っている。通信事業者とパートナー企業との関係は、今までは商材を卸す側と仕入れる／使う側という関係であったが、これからは通信事業者とパートナー企業とが対等にビジネスを創り上げていくことになる。NTTドコモ、KDDI、ソフトバンクは、パートナー企業との共創の場として、それぞれ、「ドコモ5Gオープンパートナープログラム」「KDDI DIGITAL GATE」「5G×IoT Studio」を進めている。

なぜ、このようなパートナリングが必要となるのか。通信事業者だけでは、それぞれの産業領域でのオペレーションを深く把握できないためだ。IoTは現場のビジネスオペレーションに対して提供することになるため、現場を深く理解することが第1ステップとなる。そのため、現場を理解しているパートナー企業と一緒になって、サービス創出を進めていくことが必要だ。

例えば、建設機械メーカー。建設機械にGPSや通信システムを搭載することで、建設機械

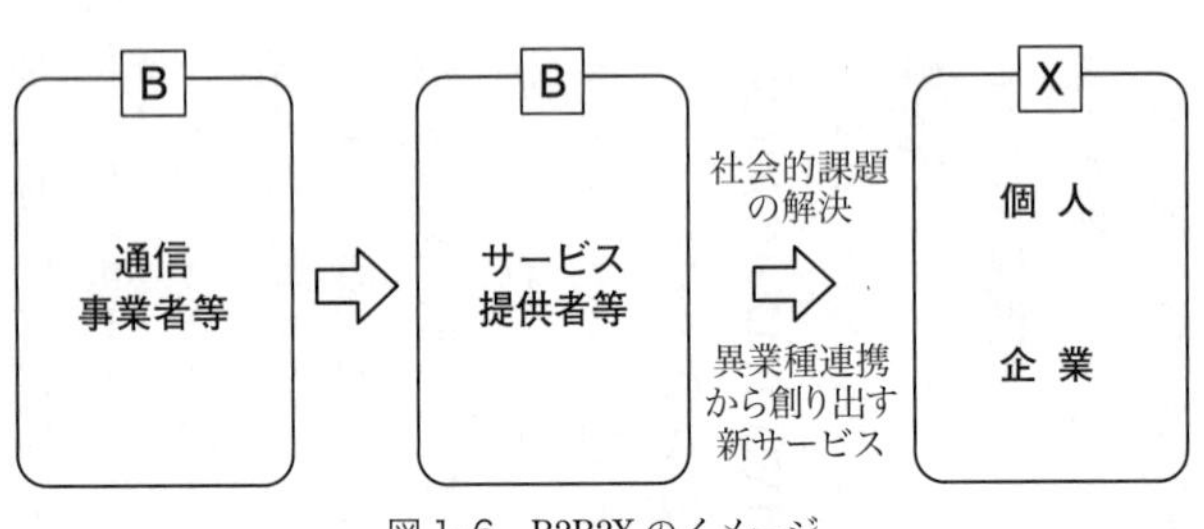

図1-6　B2B2Xのイメージ

の稼働時間、稼働状況、燃料残量、故障情報などを遠隔で把握できるとともに、エンジンを遠隔制御で止めることなどもできるようになった。これにより、盗難防止、保守サービス費用削減／稼働率向上、債権回収、中古価格の上昇、サプライチェーンの最適化、グローバルマクロ経済動向の予測などの新しい価値の創出につながったことは、ＩｏＴの成功事例として有名である。これを通信事業者からみると、建設機械メーカーにＩｏＴサービスという商材を提供している位置づけとなる。

5Ｇでは、建設現場で建設機械を遠隔制御することが可能となる。災害時においては土砂崩れなどの2次災害のリスクがあるため、建設機械を遠隔で操作するシステムは作業現場の安全を確保する観点からも望まれている。このような事例においては、通信事業者と建設機械メーカーとが一緒になって、土木・建築工事の企業にサービスを提供する。通信事業者と建設機械メーカーとが一緒になってビジネスを創り上げることになる。

これが、Ｂ２Ｂ２Ｘだ。Ｂ（通信事業者等）とＢ（サービス提供事業者等）が連携してＸ（個人もしくは企業）にサービスを提供する形態だ（図1－6）。従来は通信事業者にとって顧客であった建設機械メーカーが、Ｂ２Ｂ２Ｘの形態では通信事業者と一緒になって土木・建築工事企業にサービスを提供する。建設機械メーカーが通信事業者のパートナーに変化する。

製造業ではモノからコトへの進化が求められている。Ｂ２Ｂ２Ｘは、この文脈の中でも登場する。有名な事例が、航空エンジンだ。ＧＥやロールスロイスといったエンジンのメーカーは、従来は航空会社に対してエンジンを販売する事業者であった。

エンジンに大量のセンサーを取り付けると、航空機の異常の予兆を飛行中に、着陸前に検知することが可能となる。運行遅延は経済的に大きなコストにつながるため、あらかじめトラブルの発生箇所やメンテナンスを必要とする箇所を知ることができるのは航空会社にとっても価値がある。また、航空機の燃料代の低減にもセンサーからのデータが役に立つ。月額課金ベースで航空機の運航ルートの最適化を実現するサービスを提供できる。

航空エンジンメーカーと航空機メーカーとが一緒になって、航空会社にサービスを提供しているＢ２Ｂ２Ｘの事例である。ＩｏＴでは、このようなパートナー戦略が重要になる。

少しずつ進化する5G

5Gは進化し続ける(図1−7)。先述のとおり、まずは、4GのLTE(Long Term Evolution：4Gの通信規格、第3章参照)の海の中に5Gの島が作られる。4Gと一体で運用がなされるノンスタンドアロン(NSA)型だ。このためには、5Gと連携できるようにLTEを拡張しなければいけない。これをeLTE(enhanced LTE)と呼ぶ。eLTEでエリアカバーを行い、その中の一部に5Gの基地局(NR：New Radio)を展開していく。

面的なカバーは4Gで既になされているので、5Gは需要のあるところからのみ設置すれば良い。コアネットワークも現存の4Gのものを用いることができ、投資コストを抑えながら5G基地局を展開することができるのがメリットだ。

NSA型の5G基地局がある程度展開された時点で、5Gオンリーのシステムに移行する。5Gオンリーのシステムをスタンドアロン(SA：Standalone)型と呼ぶ。SA型への移行は需要などを見ながらの経営判断となる。

ほとんどの国がNSA型からSA型に移行していくシナリオを描いているが、中国はSA型で完結したネットワークを一気に構築することをも視野に入れている。いきなりSA型を構築

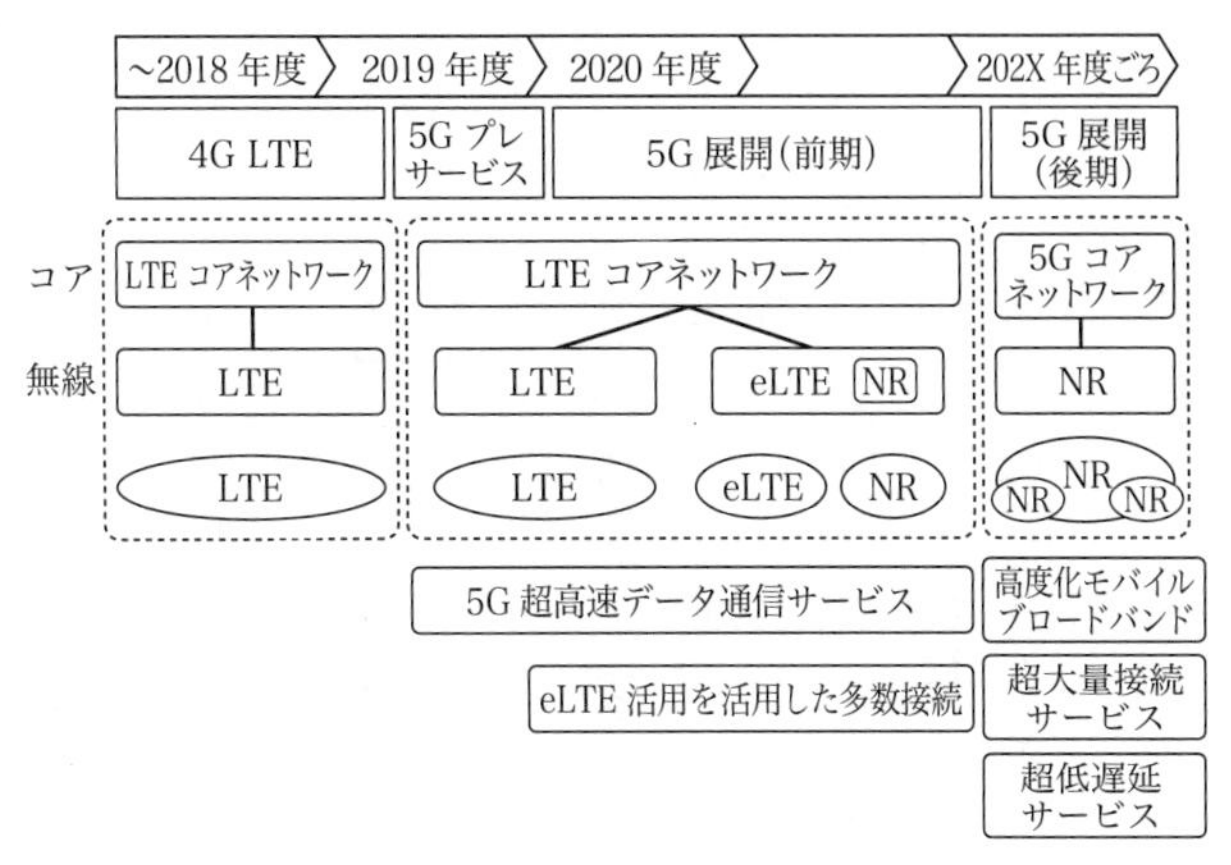

図 1-7　5G の導入イメージ

出典：野村総合研究所

する場合、面的なエリアを構築するために多くの基地局の整備やコアネットワーク設備の新設が必要となるため、初期投資はかなり多くなってしまう。

それにもかかわらず、SA型を採用しようとしているのは、5Gの能力を最大限活かそうとしているためだ。実は、NSA型では、5Gの特徴である「超高速」「低遅延」「多数同時接続」のうち、「超高速」しか実現できない。「低遅延」と「多数同時接続」を実現するためには、コアネットワークも機能拡張しなければいけないためだ。5Gオンリーの SA型であれば「低遅延」「多数同時接続」も同時に実現できる。世界の製造大国としての地位を築くことを目標に掲げた「中国製造2025」において、IoTのインフラとなる5

Gをとても重要視している表れである。自動運転や手術支援、触覚通信（ロボットの遠隔制御などにおいて触感を伝える通信）、産業機器の遠隔操作などの新たなサービスが期待されており、これらのサービスを大幅に前倒しして実現することを目指している。

5Gテクノロジー自体は非連続なものではない

いろいろなメディアで5Gが大きく取り上げられているが、技術的にみると、5Gは必ずしも非連続なテクノロジーではない。4Gまでの技術に多くの技術的知見を含めて高度化したものが5Gであり、技術的には今までの延長線上にあるといっても間違いではない。

持続的技術と言っても良い。持続的技術とは、従来の価値基準のもとで性能を向上させる技術のことである。

「低遅延」「多数同時接続」という今までにない新しい2つの軸が導入されているものの、4Gまでで用いられていた技術をチューンアップして「低遅延」と「多数同時接続」をも実現したものである。時代の要請として「低遅延」「多数同時接続」が出てきたことを踏まえ、技術の高度化を図ったものが5Gである。

しかし、だからといって、5Gが社会に与える影響も限定されるかと言われるとあながちそうはならない。

例えば、iPhone。iPhoneは、社会に多大な影響を及ぼしたイノベーション事例であるが、iPhone以前からスマートフォンそれ自体は存在していた。スティーブ・ジョブズが初代のiPhoneをプレゼンしたときに引き合いに出したのが「モトローラQ」「パームトレオ」「ノキアE62」「ブラックベリーパール」の4種類のスマートフォンだった。日本でもシャープのW-ZERO3などがあった。

スティーブ・ジョブズは、アプリケーションによって最適なボタン配置は異なるのに、固定のキーボードがついているこれらの機種はスマートではないと切り捨て、より賢く、より使い勝手の良いスマートフォンとしてiPhoneを出した。非連続的な画期的な技術を用いたわけではない。ユーザビリティという視点からキーボードを搭載しなかったことが、スティーブ・ジョブズの最大の功績だろう。

より賢く、より使いやすくなったことで、スマートフォンの市場が一気に花開いた。

パーソナルコンピュータも同様である。パーソナルコンピュータ登場以前は、大型で高価な汎用コンピュータがオフィスに鎮座していた。マイクロプロセッサ、オープン系のOS（オペレーティングシステム）などが登場したことで、個人でコンピュータを所有する市場が創出された。パーソナルコンピュータも連続的な技術進化の中で登場したものである。

そもそも、ほとんどの技術は連続的な技術進化で生まれる。非連続的に、画期的な技術が世の中に登場することは稀である。AIブームの火付け役の深層学習（ディープラーニング）も、考え方自体は昔から存在する。膨大なデータをクラウドに収集でき、処理できるようになったことがポイントだ。膨大なデータをクラウド上で深層学習で処理したところ、想定以上の性能が得られたことが衝撃を与えた。

5Gも同じように考えて良い。技術的には、従来の延長線上である。しかし、4Gまではコミュニケーションインフラであった移動通信システムが、スマートフォン以外のモノをも対象にし始めたことで視点が変わり、新しい市場が一気に花開く可能性がある。より使いやすく、より便利にいろいろなモノがネットワークにつながる社会インフラととらえて良い。

新しいビジネスの余地が生まれる

新しい技術が出るたびに、こんなものは必要ない、金を払ってまで使わないなどといった話が出る。5Gも同じで、4Gでも十分だ、5Gでないといけないサービスがない、5Gはビジネスにならない、などの話が出ている。

本質は、5Gが出てきたことにより新しいビジネスの余地が生まれたという点にある。5Gで儲けるのではなく、5Gを使って儲けられるビジネスを考えだせるかどうかがポイントである。すなわち、「5Gで何ができるのか」ではなく「5Gで何をするのか」ということだ。

5Gでできることは、高速・大容量、低遅延、多数同時接続である。これを使って、誰が何をして、どのような価値を創出していくのかがポイントだ。

これは、初期の頃のインターネットと同じかもしれない。初期の頃のインターネットは、何をするのか、どこに価値があるのかが不明確だった。米ネットスケープのブラウザ、あまたのインターネットサービスプロバイダ(ISP)、米シスコシステムズなどのネットワーク機器など、インターネットを取り巻くいろいろな新ビジネスが創出された。最終的には、コンテンツの検索と広告を連動させた米グーグルが大きな価値を生み出した。

5Gもインターネットと同様、インフラである。5Gインフラの上にいろいろな新ビジネスが創出されていくことになろう。このとき、誰が最も大きな価値を作り出していくのかという視点で考えてみるのが良い。検索エンジンが出てきたとき、ここまで大きな付加価値が生み出されるとは誰も思っていなかったはずだ。フェイスブックも同様だ。単なるソーシャルネットワーキングサービス(SNS)と思っていた人がほとんどだろう。

4Gまでは、通信事業者がサービスを決めて、顧客に電話、メール、インターネット接続などのサービスを提供していた。5Gでは、通信事業者でさえ「何をするのか」を把握できていない。そのため、通信事業者はパートナー企業と一緒になって「何をするのか」を模索している。5Gのサービスは通信事業者が与えてくれるものではない。自らが5Gで何をするのかを考え、自らが創り上げていかなければいけない。

そして、そのうち5Gも空気のように意識しないものとなる。これが社会インフラの宿命だ。現在、インターネットを支える通信技術を意識する人がいないのと同じだ。インターネットという社会インフラを快適に使えるようになったからこそ、SNSや映像配信、電子商取引などのサービスが花開いているが、インターネットを支える通信技術の進展がこれらを支えている。通信技術はあくまでも裏方だ。

5Gも裏方の技術である。多くの人々が5Gを何に使うのかに考えを巡らせることで、5G後の世界を創り上げてもらえればと思っている。

5Gは産業を激変させるのか

5G自体が産業の変革を促すわけではない。産業の変革は、データ駆動型経済に起因して生じる。5Gはデータ駆動型経済に転換するための起爆剤の1つである。5Gが登場することで、図1-1で示した一連のループ(リアルな世界で生成されたデータが分析されてリアルな世界にフィードバックされるループ)がいろいろな産業領域で現れてくる。5Gにより、より便利に、より使いやすくモノがつながるようになるためである。

すなわち、5Gにより、いろいろなモノがネットワークにつながりやすくなり、図1-1の一連のループが回り、最終的に産業の激変につながるという文脈だ。

データがデジタル変革を加速させる。データをデータ資本(Data Capital)と呼ぶこともある。新たな価値を生み出すという観点から金融資本と同等の価値を有するのがデータだ。

これからはすべての業種においてデジタル化が促進され、デジタル化された製品、サービス、業務などが成長を牽引していくことになる。5Gがこのような動きを加速する。

ただ、留意しなければいけないことは、どのように変わっていくかを予測することができないことだ。そもそも、タクシーやライドシェアなどの配車サービスはスマートフォンがなければ成立しない。米ウーバー・テクノロジーズが設立されたのは2009年である。まさに4Gの落とし子といっても良いが、4Gの開発時点では誰も予測できなかった。今や、ウーバーやリフトなどの配車サービスが普及し、ニューヨークの「メダリオン(正規のタクシー業務を行うための営業権)」の価格が暴落する事態になっている。デジタルは、経済の構造を残酷なまでに変えていく。

経営学者のピーター・ドラッカーは、「未来を予測しようとすることは、夜中にライトをつけず、リアウィンドウを見ながら、田舎道を運転するようなものだ」と述べている。5Gが登場し、いろいろな産業領域に5Gが展開されたときに、どのような世界が待っているのか、現時点で予測することは難しい。

5Gに立ち向かっていくためには、パーソナルコンピュータの父とも言われるアラン・ケイの言葉「未来は予測するものではない。自らが創るものだ」のとおり、我々一人一人が5Gで何をするのかを考え続けていくしかない。この中から、新たな価値が生み出され、社会や産業のあり方も変わっていく。

第２章　5G の潜在力と未来の姿

バルセロナのMWC2019

第1章でも少し触れたが、2019年2月に、スペイン・バルセロナで世界最大のモバイル展示会、「MWC19バルセロナ」が開催された。2019年は198カ国から10万9000人を超える来場者で、開催期間中、バルセロナはMWC一色となる。モバイル分野の関係者が政府関係者、規制当局者も含めて、一堂に集まる場である。

MWCは今まで最新の携帯電話端末のお披露目会として話題を集めていた。2019年も、韓国・サムスン電子、LG電子、中国・ファーウェイ(華為)、OPPO(オッポ)などのメーカーが5G対応のスマートフォンを発表、展示していた。折り畳み型のスマートフォンも、2019年の話題をさらった。折り畳んでいるときの画面は通常のスマートフォンのサイズだが、広げればタブレットのような大画面になり、動画配信などで5Gのメリットを実感できる。

しかし、そもそもMWCは企業同士の商談の場である。2019年のMWCでは、5Gをビジネスの現場でどのように使うのかといったデモが注目を集めていた。5Gのデモが現実味を帯びてきて、新たなビジネスにつなげようとする熱気を感じたのが2019年のMWCの特徴だった。

通信機器大手エリクソンのブースでは、スウェーデンのトラック運送会社アインランドが5Gを使った無人トラックの遠隔操作のデモを展示した。トラックには運転席がない。遠隔地からハンドルやブレーキを操作する。4Gの場合、時速100キロメートルでブレーキを踏んでもタイムラグの影響からブレーキが作動するまで1メートル以上進んでしまうが、5Gならわずか数センチメートルでブレーキが作動し始める。

ノキアのブースでは、独自動車部品大手のボッシュが独産業用ロボット大手のクーカのロボットを5Gで遠隔制御するデモを展示していた。ファーウェイのブースでも、スイス重電大手ABBのロボットを制御するデモが展示されており、5Gの製造業での活用への期待が強くにじみ出ている。

ユニークな展示だったのが、カタールの通信事業者オーレドーの空飛ぶタクシーである。小型ヘリコプターであるがパイロットがいない。地上から遠隔操作で乗客を目的地に運ぶ。機体に設置したカメラやセンサーが取得したデータを5Gで地上に集約し、地上主導で障害物の回避や気象への対処を行う。5Gの登場で空のモビリティサービスも身近になる。

ありとあらゆる産業分野に5Gが入り込んだ先に、産業や生活はどのように変わっていくのか。携帯電話がコミュニケーションインフラから社会インフラに変わることで、あらゆる産業の姿が変わる可能性がある。

自動運転——自律型と遠隔型

5Gの本命中の本命といわれるのが、自動運転だ。5Gを引っ提げて、新しいプレイヤーが参入しつつある。

現在の自動運転の主流は「単独型・自律型」だ。クルマに周囲環境を認識する機能をすべて搭載し、自律走行する。必要となる高精細地図や交通情報などはクラウドから無線を介してあらかじめダウンロードするものの、あくまでもクルマが単体で人間に代わって自律的に運転するものだ。

米グーグル傘下で自動運転車を開発しているウェイモが代表例だ。すでに、自動運転車の公道での試験走行距離は10万マイルを超えている。大量の走行データを収集し、AIに学習させて、自動運転を賢くさせつつある。カリフォルニア州が集計した2018年のレポートによると、ウェイモの1000マイル(1600キロメートル)あたりの自動モード解除数(自動運転モードが解除され、運転手がハンドルを握らなければならなくなった件数）はわずか０・09回で、２位のＧＭの０・19回の２分の１である。

しかし、単独型・自律型の課題は、見通しの悪い交差点や込み合った高速道路での追い越しなど、突発的な事故の回避に限界があることである。また、コストも課題だ。クルマの販売価格が３０００万円前後になるとも言われている。

ここで５Ｇが登場する。クルマが単体で自律的に運転するのではなく、５Ｇを使ってネットワークからの支援を受けながら自動運転する。クルマの頭脳を、クルマの外に置くことから「遠隔型」と呼ばれることもある。

近くを走る車両からの情報、事故情報、前方で発生している渋滞や障害物に関する情報、信号情報などを活用すれば、よりスムーズな走行が実現できる。例えば、高速道路の合流地点のクルマの速度や車間距離などを把握できれば、クルマの速度を調整してスムーズに安全に合流することができる。信号の切り替わり情報が得られれば、カメラで視認しづらい悪天候下でも安全に進むことができる。

リアルタイムにこれらの情報を分析してクルマにフィードバックすることが求められるため、５Ｇの低遅延性が活きる。カメラ映像などの大容量のデータのやり取りも、５Ｇであれば無理なく実現できる。

また、自律型では周囲環境の認識のために、ＬｉＤＡＲ(ライダー)と呼ばれる数十万円から数百万円するレーザーレーダーが必要となる可能性が高いが、遠隔型では定期的にＬｉＤＡＲ搭載車両が街中のデータを集めれば、すべての車両へのＬｉＤＡＲ搭載が不要となる。

クルマのコモディティ化とゲームチェンジ

自律型と遠隔型は、情報システム分野でのオンプレミス(自社運用)とクラウドの違いと同じだ。オンプレミスは、自社内にコンピュータなどのハードウェアを設置する形態であるのに対し、クラウドはネットワークを介して第三者のコンピューティングリソースを活用する形態である。自律型がオンプレミス、遠隔型がクラウドと言っても良い。

自動運転の頭脳とサービスの大半が遠隔側に移ると、クルマに残るのは自動ブレーキや車体などの安全機能のみとなる。付加価値の重心は遠隔側に移り、車両は今よりもコモディティ(汎用品)化していく。すると、クルマの車両自体で競い合うのではなく、移動サービスや車内での過ごし方で勝負がなされることになる。

ソニーやパナソニックなど、クルマの門外漢と言っても良い事業者が自動運転車の開発を進めているのは、このような狙いがあるためである。自動運転車のコストを一気に下げ、車内で過ごす体験コンテンツで勝負する。

通信分野では、OTT(Over the Top)という呼び方がある。通信事業者が提供している回線の上で、グーグルやアマゾン、アップルなどの事業者がサービスを提供することで、価値を生み出す源泉が通信事業者の回線ではなく上位のサービス提供事業者に移ったことを示す言葉である。

クルマ分野においても、OTTと同じようなゲームチェンジが起こる可能性がある。このため、トヨタ自動車の豊田章男社長も、「「自動車を作る会社」から「モビリティカンパニー」にモデルチェンジすることを決断いたしました。「モビリティカンパニー」とは、世界中の人々の「移動」に関わるあらゆるサービスを提供する会社です」と宣言している。

まさに、MaaS(Mobility as a Service)だ。MaaSとは、クルマを移動手段ではなく、「現在地から目的地まで移動したい」という顧客の目的に主眼を置き、多様な移動手段を組み合わせるサービスのことである。

なお、クルマがコモディティ化するといっても、クルマは人命を預かるハードウェアであり、自動運転の時代になっても単純になるわけではないことにも留意が必要だ。例えば、クルマに搭載されるカメラも、走っているうちに徐々にずれてくるため、カメラの補正は常に行い続けなければいけない。複数のカメラを搭載しているときは、複数カメラの同期も行わなければいけない。自動運転の機能が急に止まれば、人命が危うくなるかもしれない。今まで以上に頻繁にかつ精緻なメンテナンスが求められることになるかもしれず、このような分野が新しい事業領域として登場してくる可能性がある。

いろいろな形態の自動運転

自動運転と言ってもいろいろな形態があり得る。グーグルのウェイモのように完全自律型の自動運転もあれば、より信頼性を高めるために自律型を基本とするものの遠隔で監視や制御する形態もあり得る。

無人の自律型自動運転車を遠隔地にいるオペレーターが監視し、緊急時には遠隔制御する形態だ。遠隔の施設にある複数台の大型モニターにクルマの運転席前方の映像が映し出されており、オペレータが遠隔でクルマを監視する。モニター室にいるスタッフの前には、ハンドルとブレーキが設置されており、緊急時には遠隔でブレーキ操作などの制御を行う。

このような自動運転において5Gの恩恵は大きい。複数のクルマの運転席前方のフルHDカメラの大容量映像データを瞬時に送らなければならないが、5Gだと高精細映像を低圧縮で送ることができ、映像処理にかかる遅延を短くすることができる。また、危険を察知してブレーキをかける指示を送信する場合、4Gだとクルマが指示を受信するまでに最低でも10ミリ秒程度(実際には40ミリ秒程度)の遅れが生まれてしまい、すぐに停止できないのに対し、1ミリ秒程度の5Gであれば素早い判断と制動が可能となり、結果として走行速度が上げられるし車間距離も詰められる。

また、隊列走行といった形態もある。自動運転による隊列走行では、先頭車のドライバーだけが運転し、後続車両は自動運転で先頭車を追随する。運送業界はドライバー不足が深刻化しているため、トラックの隊列走行に対する期待は高い。

先頭車両の加減速やハンドル操作などの制御データや位置データを、後続の車両に5Gで即時に伝送する。後続の車両は、受信したデータに基づいて一定の車間距離を保ちながら隊列を組み、前方の車両の加減速・ハンドルの動きに合わせて走行する。また、後続の車両の高精細カメラ映像を先頭車両に伝送することで、先頭車のドライバーが後続の車両を確認しながら隊列走行する。クルマとクルマとで直接に通信する車車間通信に5Gを使えば低遅延でデータのやり取りが可能となる。基地局を介さない車車間通信のみで実現できるため、基地局を道路上に密に設置しなくても良い。

安全運転支援のための5G

5Gを用いた自動運転に対する期待はきわめて高いものの、自動車メーカーが本気になって取り組んでいるかというと、必ずしもそうとは言えない。無線では100%の信頼性を担保できないためである。無線通信は、信号を空間中に伝搬させていく方式であるため、あらゆる状況下で100%の信頼性を保証することは物理的にできない。99・9%の信頼性は保証できても、100%の保証はできないというのが、今まで人命を第一に考えてきた自動車メーカーにとって不安材料となっている。

このような観点から、安全運転支援のために5Gを活用する試みも多くなされている。前方車両との車間距離自動維持装置であるアクティブクルーズコントロールや、車両の車線逸脱を防ぐレーンキープアシストといった先進運転支援装置を、5Gを活用してより高度化する。路車間通信を用いれば渋滞情報、天候情報、工事情報などを車両に送ることができ、車車間通信を用いれば自車の周囲を走行する車両からも情報を得ることができるためだ。これらの情報を利用することで、周囲の情報を加味した先進運転支援が可能となる。

また、車載カメラでとらえた事故映像を道路管制センターがリアルタイムで見ることができる、などといった5Gの活用も考えられる。

5Gで100%の信頼性を担保できなかったとしても、5Gはこれからのモビリティサービスには欠かせないものとなるだろう。もちろん、他の手段で信頼性確保を行って、自動運転につなげていく可能性も十分あり得る。安全運転支援から自動運転までいろいろな5Gの使い方が考えられる中で、費用対効果も踏まえながら多角的に考えていかなければならない。このような状況こそが、ソニーやパナソニックといった新規参入組にとっても好機となり得る。

作業現場の無人化

建設・土木などの現場の労働力不足解消の切り札として期待されている建設機械や鉱山機械の遠隔操作は、5Gが有する特徴を最大限活かすことのできる分野だ。遠隔操作パネル正面のモニターにパワーショベル正面の高精細映像を映し出すための大容量性と、遅延を少なく遠隔操作する低遅延性という5Gならではの特徴が求められる。

建設機械の遠隔操作を、東日本大震災や熊本地震の際にWi-Fiで行った例があるが、カメラ映像が低解像度であるために距離感覚をつかみづらい、遅延が大きいため、とてもゆっくりと操作せざるを得ないという課題があった。遅延時間が0・2秒になると操作感覚が失われ、遠隔操作が困難になるとも言われている。5Gであれば操作と実際の建設機械の動きのずれが認識できないほどわずかになるため、精緻な動きも再現できる。

災害復旧にも有用だ。災害直後は二次災害の恐れがあるため復旧作業が困難になる。緊急を要する災害復旧現場で必要な作業員が確保できるとも限らない。遠隔で建設機械などを無人操作できれば、安全にかつ迅速に復旧活動を行うことができる。

作業員の高齢化に伴う技能伝承や人材不足への対応として、将来的には1つの遠隔操縦パネルから全国各地の建設機械を操作するなどのように展開していくことになろう。

バルセロナのMWC2019で展示されていた各社のデモでも、日本の移動通信事業者の実証実験でも、建設機械の遠隔操作には並々ならぬ意気込みが感じられる。その理由は、さまざまな5Gの応用事例の中で最も実用化が近いと考えられているからだ。自動運転や遠隔医療などでは、法規制をもあわせて考えていかなければならないし、人命に関わることから慎重かつ丁寧に導入につなげていかなければならないといったハードルがある。これに対して、建設機械の遠隔操作は、ビジネスベースで導入を判断することが可能だ。そもそも労働力不足や迅速な災害復旧といったニーズもある。

そのため、移動通信事業者各社は積極的に実証実験を進めている。NTTドコモはコマツと、KDDIは大林組と、ソフトバンクは大成建設と手を組み、建設機械の遠隔操作の有用性を検証している。KDDIと大林組は工事現場での実証から、実際に建設機械に搭乗した場合に450秒かかる作業が、遠隔操縦に習熟した作業員であれば560秒程度で完了し、遠隔からでも80%程度の作業効率が実現できることを確認している。

海外でも、例えば中国の青島港では、5Gを用いた大型クレーンの遠隔運転の検証を進めている。コンテナの釣り上げ等を行う巨大設備の作業現場を、多数の高精細カメラ映像で撮影し、操作パネルに伝送して遠隔運転を行う。

現在、人が操作している機械は、これから5Gによる遠隔操作に次第に置き換わっていくことになろう。建設機械や鉱山機械であっても、高精細カメラやセンサーを搭載した「ロボット」として認識されるようになるかもしれない。

災害現場や過酷環境においては、レバーやパネルの操作ができる人型ロボットが求められるが、力の感覚も映像と一緒に低遅延伝送することで、人型ロボットの遠隔操縦も可能だ。人とロボットが協調しながら、いろいろな作業を上手にこなしていく世界がやってくる。労働力不足を解消し生産性の向上にもつながる切り札となるが、これを5Gが支えることになる。

無線化スマート工場

世界最大の国際産業技術見本市であるドイツのハノーバーメッセ2019で目立っていたのが、Industry(インダストリー)4.0(ドイツが国家的プロジェクトとして進めている第4次産業革命)ではなく5Gであった。初めて5Gの産業活用に関する展示スペース「5G Arena」が新設され、多くの製造業各社が活用事例を披露していた。

なぜ、5Gなのか。

5Gが未来の工場の中枢神経系になるとみられているためである。ドイツのIndustry 4.0や日本のコネクテッドインダストリーズを支える通信インフラが5Gだ。5Gにより、工場内の産業機械、ロボット、センサー、モーターなどのあらゆる機器が「つながる」ことになる。

従来、工場で使われる産業機械やロボットなどを4GやWi-Fiなどの無線通信で制御しようとしても、遅延の問題があり、使い物にならなかった。低遅延の5Gであれば、ほぼリアルタイムで遠隔制御できる。

また、4GやWi-Fiなどの無線通信システムでは、工場内の膨大な数の機器を少数の基地局で接続することは難しかった。多くの基地局をお互いが干渉しあわないように試行錯誤しながら設置しなければいけなかった。5Gの同時多数接続の特徴により、工場内の多数の機器を簡潔にネットに接続できることになる。

5Gによってもたらされる1つめの恩恵が、ケーブルレス化だ。これまで機械やロボットをつないでいた通信ケーブルが必要なくなり、製造ラインのレイアウトを柔軟に変更できるようになる。

従来の製造ラインは単一製品の大量生産に最適化されていた。これに対して、ケーブルレス化すれば、マス・カスタマイゼーションといわれる多品種少量生産が実現できる。製造ラインを動的に変更させることでオーダーメイドかつ小ロットの商品が生産できるようになる。

このような工場の柔軟性は既に必要になり始めている。例えば、自動車はSUV（スポーツ用多目的車）、ハイブリッド自動車、電気自動車など、20年前と比べて車種が格段に増えている。従来の画一的な製造ラインでは、効率よく製造するのは難しい。工場のケーブルレス化によって、消費者の需要に応じて、製造ラインを柔軟に変えることができるようになる。

また、ケーブルレス化によって、今までは単体で動作していた機器をスリム化して保守作業の簡潔化を図ることも可能となる。機械の中に搭載されていた制御機能をクラウド側に移すことで、機械自体をシンプルにできるためだ。

ただし、機械やロボットの制御には高い信頼性が求められる。無線が不安定になれば製造ラインのトラブルにつながってしまう。99％以上の信頼性は５Ｇで確保できるものの、１００％の保証は難しい。もしものときの備えを用意しておく冗長化などによって、機械やロボットの制御に求められる信頼性をいかに確保するかが、ビジネス的にとても重要な差別化ポイントとなる。

そのため、５Ｇの導入は、機械やロボットの制御ほどの信頼性を必要としない監視や品質管理から始まるとも目されている。例えば、ドイツの光学機器メーカー、カールツァイスは、自動車のボディの画像検査に５Ｇを活用することを考えている。ロボットアームの先端に取り付けた同社製３次元カメラで、溶接後のボディを撮影し５Ｇでクラウド側に送って検査する。高精細画像が必要となることから５Ｇの大容量性が役に立つ。高速に検査するためには低遅延性も必要だ。工場内の画像検査も、５Ｇで革新されていくかもしれない。

Industry 4.0 を支える５Ｇ

５Ｇによってもたらされる２つめの恩恵は、５Ｇの同時多数接続の特徴により、工場内の多数の機器がつながることである。つながることで、工場の状況をより具体的なデータで管理できるようになる。これまでデータ化されてこなかった情報を収集し分析することで、工場の稼働状況を的確に把握できるようになり、故障予知や製造ラインの不具合検知などが可能となる。また、無人搬送車、部品、部材、カメラ、センサーなどあらゆるものがつながると、工場内の搬送業務は完全に自動化できる。従来は遅延や機密性の観点からタブーとされてきた工場の遠隔管理も可能になる。

そして、Industry 4.0でよく引き合いにだされる「部品が自ら考えて製造ラインを移動する」生産ラインの実現に近づく。ある部品が「顧客X向けの製品Yにこの段階で組み込まれるから、工程Zに進む」と考えながら製造ラインを自律的に進んでいく世界だ。

さらに、工場と本社、あるいは企業と企業が結びつけば、より柔軟な製造プロセスを実現できる。例えば、組み立て工場においてある部品の在庫が少なくなると、部品の製造工場に伝え、自動的にその部品が製造されて組み立て工場に供給される。

Industry 4.0で重要なのは、工場内の生産効率を上げることだけではない。製造から販売までのバリューチェーンをつなげることがIndustry 4.0のポイントだ。本家本元のドイツでも、現時点では、工場内のスマート化という部分最適にとどまっているが、5Gの登場によりバリューチェーンの結合に一歩近づくことになる。未来の工場は確実に現実化しつつある。

ローカル5G工場の誕生

5Gで工場内の機器をインターネットに接続することを懸念する声がある。工場内の情報を外に漏らしたくないためだ。また、工場が外のインターネットとつながることで、ハッキングされたり、ウイルスを仕込まれたりして機械が暴走したりする可能性も考慮しなければいけない。生産性向上に5Gを使いたいと思っても、このような安全上や機密上のリスクを恐れる企業は多い。

このような懸念に対しては、セキュリティ対策をしっかり行うしかない。セキュリティにとてもシビアな金融業界でさえ、ネットワークを介してクラウドを使い始めている。労力さえかければきちんとセキュリティを担保することはできる。欧米企業はこのようなセキュリティリスクを厳しく意識しながら、コストをかけるべきところにはしっかりとコストをかけながら進み始めている。

なお、諸外国と比べて、日本企業がサイバー・セキュリティにかけるコストは圧倒的に少ない。「水と安全はタダ」という日本人の特質が表れているかもしれない。欧米では、優秀なハッカーはIT企業にではなく、セキュリティを必要とするユーザー企業に高額報酬で採用されると言われている。セキュリティをIT企業に丸投げしている企業も多い日本に対し、セキュリティを経営課題として捉え、優秀な人材を自社に抱え込み、自分たちでセキュリティ対策を行うのが欧米の企業だ。

5Gにより、工場の遠隔制御の世界が視野に入ってきた。これを挑戦しがいのある面白い時代と捉え、セキュリティをしっかりと考慮しながら、先陣を切って5Gをどのように使えば良いのか検証していただきたい。製造業にとって追い風の時代だ。

ただ、工場は用地を取得しやすい地方部、人口が密集していないエリアに存在する。総務省は人口が密集している都市部だけではなく、工場が立地するようなエリアにも5Gを開設することを求めているが、基地局が工場の近くに設置されるまでには時間を要することがある。

そこで登場するのが第1章で述べたローカル5Gだ。「自己の建物内」または「自己の土地の敷地内」でのみ、工場などの土地・建物の所有者に対して5Gの免許を付与する仕組みだ。ローカル5Gを使えば、公衆ネットワークではなく自営のプライベートネットワークを構築することができる。自営ネットワークを主に使いながら、必要に応じて移動通信事業者の公衆ネットワークを予備として使って信頼性を高めるということも可能である。

また、公衆ネットワークから隔離されたローカル5Gでは、自社の要件に応じたセキュリティ対策や運用を行うことができる。セキュリティリスクに鑑み公衆ネットワークから隔離したい場合には、ローカル5Gが選択肢となる。

5G対応の設備の導入は工場の新設時や更新時になるが、それほど遠い時期ではない。ローカル5Gの実現に向けて、通信機器ベンダーやケーブルテレビ事業者などが動き始めている。コストなども含めてどのようなサービス提供形態になるのか手探りの状況ではあるが、5Gを活用した工場のあり方に関して、ローカル5Gの活用も含めて検討を進めていただきたい。

データ駆動型医療・ヘルスケアを後押しする

5Gは、データ駆動型医療・ヘルスケアをも後押しする。わが国の医療費は、現在でも42兆円を超える。今後の高齢化の進展や、医療・ヘルスケアシステムの構築を進めているアジア諸国をも考慮すると、医療・ヘルスケア分野は膨大な市場規模を有する。800万人を超える雇用数を有する医療・ヘルスケア分野において生産性を高め、新たな価値を創出することができれば、日本の経済成長にも資することになる。これに向けての鍵が、データを蓄積して活用したデータ駆動型医療・ヘルスケアである。

医療・ヘルスケア分野においてデータの活用が謳われ始めている中、5Gが登場する。高速・大容量、低遅延、同時多数接続という特徴を有する5Gであれば、医療・ヘルスケア分野においてより手軽にデータを活用することができるようになる。

医療・ヘルスケア分野での5Gの活用は、高速・大容量を活かした「遠隔診療」や「救急搬送」、高速・大容量と低遅延を活かした「手術支援」、同時多数接続を活かした「モバイルヘルス」だ。

「遠隔診療」は、医師の地域遍在、診療科の遍在といった地域格差を解決するものとして、へき地や離島など過疎地域への医療支援として期待されていた。そして、2015年に厚生労働省から離島、へき地の患者に限定しないと解釈できる通達が出され、事実上遠隔診療が解禁され、ビデオ通話機能を使った診療プラットフォームを提供する企業が参入し始めている。

5Gを用いて患者の状況やエコーなどの4K／8K高精細映像(現行のハイビジョンの2Kと比べて、4Kの画素数は4倍、8Kの画素数は16倍)を診療所から地域の中核病院の専門医に送信すれば、専門医が映像をもとに診断し、診療所の医師と診断結果をリアルタイムに共有することが可能となる。高精度な診断が可能となるのみならず、専門医の知識を共有することで、診療所の医師の知識向上にもつながる。

なお、このような移動しない遠隔診療の場合には、固定の光回線でも十分である。そのため、光回線以外に新たに5Gという選択肢が加わったと捉えるのが良い。

5Gが切り開く新たな医療・ヘルスケアの姿

救急車やドクターカー、ドクターヘリなどで搬送中の患者の容体を、救急病院の医師がリアルタイムで確認しながら指示を出すことが可能となるのが「救急搬送」だ。救急搬送車両には、心電図、脈拍、血圧、呼吸などを測定する医療機器、遠隔で操作可能な高解像度カメラ、超音波画像診断装置などが搭載される。

従来、救急搬送中は基本的に応急処置にとどまっていたが、患者の容体を医師が遠隔から正確に確認することができるようになれば、最良の対処法を救急隊に伝えたり、受け入れ態勢をあらかじめ整えたりすることも可能となる。救急搬送中の時間を有効活用することで、救命率の向上が期待できる。特に、日本人の死因上位を占める心疾患や脳血管疾患は、治療を受けるまでの時間が生存率や術後の後遺症に大きく影響するため、救急搬送中に5Gを使って医師が介入することができるようになれば高い救命率につながる。

「手術支援」としては、医療用ナビゲーションシステムとロボット支援手術への5Gの活用が考えられる。

医療用ナビゲーションシステムとは、手術中の患者位置と手術器具の位置関係を表示することを目的とした医療機器だ。例えば、人工関節置換手術において、手術前に撮影したCTやX線画像に基づいてインプラントの設置位置を精緻に計画し、手術中には赤外線を使用して器具の位置を把握して計画通りに手術を行えるよう支援するものだ。5Gを用いれば、医療用ナビゲーションシステムの情報を遠隔にいる熟練専門医と共有することができ、遠隔にいる医師の知見をも活用しながら手術の精度を高めることができる。

AR(拡張現実)を用いて医療用ナビゲーションシステムを高度化する試みもある。ゴーグル型ARヘッドセットを用いて、医師の目視や経験に基づいた感覚による手術を支援するものだ。患者のCTやMRIデータなど、患者の骨や内臓などの位置を示した大容量画像データを5G経由でクラウドからゴーグル型ヘッドセットに低遅延で送信する。送られてきた画像データを、目の前の患者に仮想的に重ね合わせて表示することで、医師の手術支援を行う。高速・大容量と低遅延という5Gの特徴の活用事例であり、手術に起因する死亡事故の低減が期待される。

ロボット支援手術とは、内視鏡下手術用のロボットマニピュレータ(ロボットアーム)を用いた手術だ。もともとは、遠隔操作で戦場の負傷者に対して必要な手術を行うことを目的として開発されたもので、インテュイティヴ・サージカル社の「ダ・ヴィンチ」が有名だ。内視鏡カメラと3本のアームを患者の身体に挿入し、数メートル離れた操作席から医師が3Dモニターを見ながら遠隔操作で装置を動かす。手の動きが忠実にロボットに伝わり、手術器具が連動して手術を行う。

現在のロボット支援手術では、操作席と患者との距離は数メートル程度である。5Gを使えば、原理的にはこの距離を延ばすことが可能だ。しかし、何かしらの理由で通信に障害が発生すれば致命的な人命に関わる事故に直結するため、自動運転と同様、実現のハードルが高い。

なお、海外の名医に遠隔で手術を受ける究極の遠隔医療が語られることもあるが、5Gを使ったとしても遅延の観点から厳しい。5Gの無線区間での遅延は少ないものの、有線区間の光ファイバーで伝搬遅延が生じるためだ。光はとても高速ではあるが、それでも遅延は生じる。光ファイバーの中での光の速度は約20万キロメートル/秒。太平洋の向こうまで光が海底ケーブルを伝わって届くまでには、少なくとも片道約20ミリ秒程度かかってしまう。遅延を少なくするためには、無線区間以外にも存在するさまざまな遅延要素をも考えなければいけない。

モバイルヘルス——「プロアクティブ型医療」に向けて

5Gの同時多数接続機能を活かすのが「モバイルヘルス」だ。

モバイルヘルスとは、健康、医療、介護といった広義のヘルスケア領域に対して、無線通信技術を用いたサービスのことである。患者が自宅で体温、心拍、血圧などのバイタルサイン（生体信号）を測定し、医療機関に送信することで通院負担を軽減させたりすることが可能になりつつある。糖尿病患者を対象とした血糖値データの医療機関への送信といったサービスも登場している。

体温、心拍数、呼吸数、血中酸素飽和度、不整脈、血圧などを測定できるウェアラブルデバイスに5Gが搭載されれば、医療が抜本的に変わることになる。現在は病院で身体に関するバイタルデータを測定しているが、病院の外でも常時バイタルデータがモニタリングできるようになる。制約の多かった検査や診断を、モバイルヘルスでもって日常生活と近い状況で実施できるようになり、患者の心理・肉体的な検査の負担を軽減することで、病気の早期発見や正確な診断にもつながる。疾病の兆候を把握することができるようになるため、病気になってから医師にかかるのではなく、病気になる前に医師にかかる予防医療が実現される。

現在の医療は、医師や病院を中心として疾患をすばやく治すという「リアクティブ型」である。これに対して、5Gを介して多様なバイタルデータを常時モニタリングできるようになれば、医療は患者や家庭やコミュニティを中心として、生活の質に着目した予防的な「プロアクティブ型」となる。

生地にセンサーが縫い込まれるようになれば、呼吸、睡眠、体温などをはじめとした生体信号を常時モニタリングすることができ、信号の乱れの迅速な検知が可能となる。誰もいないところで転倒しても、衣服が状態を感知して、自動的に救急車を呼ぶことができる。すでにNTTと東レは、ナノファイバー生地に導電性高分子を特殊コーティングすることで、耐久性に優れ、心拍数や心電波形などの生体信号を高感度に検出できる機能素材hitoe®を開発している。

5GはIoTの世界を実現するためのインフラとなるため、このような世界も夢物語ではなくなる。

そもそも医療・ヘルスケア分野には、カルテや健診データに代表されるように膨大なデータが既に存在する。5Gの登場により、ウェアラブルデバイスに埋め込まれたセンサーから、病院の外でのバイタルデータも得られるようになる。これらを活用することで、健康増進や予防、診断、治療、生活支援、終末医療などのそれぞれのフェーズにおいて適切に介入することが可能となり、プロアクティブ型の医療・ヘルスケアを実現することができる。また、製薬・医療機器業界や公衆衛生といった観点においても、これらのデータを活用することが新たな価値の創造につながる。

最終的な目的は、高齢化社会の加速（医療・介護需要の増大）、医療費の高騰（GDP比で10％程度）、医療従事者の不足（地域における医師の不在・偏在）といった課題に対処することである。健康寿命を延ばし医療費を抑制するためには、医療の質の向上と効率化を図ることが肝要であり、データが核となる。時間はかかるかもしれないが、5Gがこのような動きを前に進める契機となることを期待したい。

わが国は国民皆保険制度を導入していることもあり、医療・ヘルスケア分野のデータ量は他の国と比べて圧倒的に多い。IT分野においては膨大な量のデータを集めている企業が圧倒的な力を有していることを踏まえると、わが国が有するポテンシャルはきわめて大きい。ただし、規制が追い付いていないことも多い。日本では医療機器に対する規制が厳しく、診断や治療といった医療行為を提供するサービスの提供は難しいのが実情である。企業の有する技術力や日本のポテンシャルを経済成長につなげていくためには、制度のあり方を含めて成長戦略を考える必要がある。

ゲームがテクノロジーを進化させる

ゲームは、最先端テクノロジーと切り離して考えることができない。最先端テクノロジーを牽引していくのがゲームだ。そして、5Gが登場する。5Gの超高速・大容量、低遅延という特徴が、ゲーム業界を揺るがし始めている。

ソニーのPlayStation 3用のゲームとして登場したのが、「アイ・オブ・ジャッジメント」というテレビゲームだった。対戦型のトレーディングゲームを融合させたもので、2007年発売のゲームだが、まさに今流行りのAR(拡張現実)を使ったゲームだ。

黒く太い2次元バーコードが印刷されたカードを手に乗せて、PlayStation 3に接続した「PlayStation Eye」(カメラ)にかざすと、カードの実写映像に重ねて3Dキャラクターが出現する。3Dキャラクター同士を戦わせるゲームであるが、カメラはカードの三次元的な空間位置を把握しているため、手でカードの向きを変えると3Dキャラクターの向きも変わる。現実世界の中の手と、仮想空間の中の3Dキャラクターが連携する有り様は、十数年後の今でも古臭さを感じさせない。

PlayStation 3には、Cell Broadband Engineという断トツの性能を有するプロセッサが搭載されていた。ソニー・コンピュータエンタテインメント(SCE)、ソニー、IBM、東芝が開発したもので、当時のパソコン向けのプロセッサに対して10倍程度の高性能をたたき出したプロセッサである。衝撃は大きく、インテルなどの他の企業のプロセッサ開発の流れを一変させるほどであった。

このようにゲーム業界とテクノロジーとは切っても切り離すことのできない関係にある。１つめの理由は、ゲーム業界の市場規模の大きさである。オランダの調査会社ニューズーによると、世界全体のゲーム市場規模は２０２１年には１８０１億ドルに達する。このうち51％がスマートフォンやタブレットでゲームを行うモバイルゲームだ。これだけの市場規模があるため、最先端テクノロジーをいち早く活用して、新しい体験を生み出すゲームの開発に費用を惜しまない。

２つめの理由は、他のアプリケーションと比べて要件が厳しいことである。高い画像処理能力が欲しいとか、世界中の多数のプレイヤーがオンラインで同時に戦いたいとか、技術に対しての要求が強い。先のCell Broadband Engineなどが好例だが、ゲームで開発された技術が他の分野に展開されていくことも珍しくはない。

そのため、ゲームが技術を育てていくことも多い。例えば、マイクロソフトのゴーグル型端末「ホロレンズ」のアプリケーションは、ゲームの開発者が作ることが多い。最近流行りのＡＩチップも、ゲームが育ててきたということもできる。ゲームでは超高速な画像処理が求められるため、ＧＰＵ(Graphics Processing Unit)と呼ばれるプロセッサを進化させていったが、その

ＧＰＵが深層学習の基盤となりＡＩブームにつながっている。

ゲームの変遷とクラウドゲーム

５Ｇがゲーム分野において垣根を越えた競争を巻き起こしている。クラウドゲームが台風の目だ。５Ｇの高速・大容量性、低遅延性を使えば、クラウドゲームが実現できるためである。クラウドゲームとは、ゲームの演算処理をクラウド側ですべて行い、生成した映像をストリーミング（コンテンツを転送しながら再生を行う方式）で端末画面に送り、ゲームをプレイするものだ。映像をストリーミングで届けるため、ゲームの「ネットフリックス化」と呼ばれることもある。

ゲーム専用機は、ユーザーの操作に応じて美しいグラフィックスを描写する性能を有する。クラウドゲームでは、この最も負荷がかかるゲーム機の処理をクラウド上で行う。端末の性能に関係なく大作ゲームを遊べるようになる。端末は単に画面と通信環境だけがあれば良く、高性能のパソコンや専用機はいらない。

インターネットを介して対戦するオンラインゲームとの違いは、オンラインゲームではほとんどの処理を個々の端末で行っていることである。単に制御情報をクラウドとやり取りしているだけで、クラウドゲームとは仕組みが異なる。ゲームそのものをクラウドで動作させるクラウドゲームであれば、現在のオンラインゲームでのゲーム端末性能の制約から解き放たれることになる。

ゲームソフトの流通という視点からは、店頭でゲームを買う時代からダウンロードで購入する時代に進んだが、ストリーミング配信でゲームをプレイする時代になるのがクラウドゲームだ。しかし、流通がストリーミング配信に変わることが、クラウドゲームの本質ではない。クラウドゲームへの期待は、あくまでも端末の性能制約からの解放にある。ゲーム開発者はより自由にゲームを開発することができるようになり、新しい体験をもたらすゲームが登場する可能性がある。

ゲームの黎明期は、店頭にゲーム機を設置して有料で遊ぶアーケードゲームだった。特定のゲームソフトを専用の機器で動かしていた時代だ。１９７８年にタイトーが発売したスペースインベーダーなどが代表である。

その後、コンピュータ性能の進化にともない、家庭用ゲーム機が登場する。ソフトを交換することにより、１台の機器で複数のゲームを遊ぶことが可能になった。１９８３年に発売された任天堂のファミリーコンピュータをはじめとして多くの家庭用ゲーム機が登場し、より高いグラフィックスの描写能力を求めて家庭用ゲーム機のハードウェア性能競争が激化していった。ハードウェアの性能競争は、ゲーム機の「汎用化」を推し進めることとなる。ゲーム専用機にもDVDなどが搭載されゲーム以外の用途が加わるようになった一方、スマートフォンなどの汎用機で遊ぶゲームも一般的になった。この流れの中、複数ユーザーが同時にゲームに参加してオンラインでプレイするマルチプレイが加わり、ゲーム市場が一気に拡大して今に至っている。

このような文脈の中で、クラウドゲームは「ゲームに特化した専用機をクラウド上に作る」ものと位置づけることができる。ゲームに新鮮味が感じられなくなりつつある状況をどのように打破していくのか、業界がもがいている中で出てきたのがクラウドゲームだ。現在のゲームの制約をクラウドゲームで打破し、新しい体験をもたらすゲームを開発できる可能性がある。また、クラウドコンピューティングと同様、一人一人のユーザーの費用を抑えることができるため、より少ないコストでゲームに参画することが可能となる。今までのゲームの歴史をみても、一人のユーザーのゲームへの投資額が少なくなればなるほど、ユーザー数が拡大してきた。クラウドゲームでユーザー数を増やし、市場を大幅に拡大できる可能性がある。

クラウドゲームならではの特徴

クラウドゲームならではの特徴は、以下の4点だ。

1つめの特徴は、ゲーム開発者が苦労していた問題が一気に少なくなることだ。今のオンラインゲームで多数のプレイヤーが同時に遊べるようにするためには、同期をとらないといけない。しかし、ユーザーごとのネットワーク回線状況はばらばらであるし、ユーザー端末の性能もパソコンとスマートフォンとでは大きく異なるため、高精度に同期をとることは至難の業である。そのため、ゲーム開発者は、高い精度での同期を必要としないアプリケーションを開発せざるを得ない。また、端末の性能制約をも考えなければいけない。スマートフォンが高性能になったとはいえ、ゲーム開発者が求める高度な表現性を実現できているわけではない。端末の性能制約を考えながらゲーム開発を進めていくしかない。

これに対して、クラウドゲームでは、クラウド上で動いている1つのゲームに多数のユーザーがアクセスする形になるため、同期のことを考える必要はない。また、クラウドの膨大な計算資源を使うことができるため、個人の端末では絶対に不可能であった高度な描写を実現することも可能だ。

今のゲームは、端末の制約の中でデザインせざるを得ない。そのため、どれもこれも似通ってきてしまっていると言われることもある。クラウドゲームにより、ゲーム開発者の自由度が一気に高まれば、新しい形態のゲームが登場するかもしれない

2つめの特徴は、チート対策だ。処理を端末で行う従来型のゲームでは、チート(インチキや不正を行う行為)に悩まされることが多かったが、クラウドゲームではゲームデータを端末に保存しないため、チートの心配がなくなる。チート対策費用が削減されるため、開発側にとっても大きなメリットになる。

3つめの特徴は、端末非依存だ。クラウドでは、端末には画面さえあれば良い。いろいろな端末でゲームができるようになることで、ユーザーのゲームに対する関わり方が変わる可能性がある。わかりやすいのが、コンピュータゲームをスポーツ競技として捉えるeスポーツだ。eスポーツは、野球やサッカーのスポーツ競技と同じく、選手だけではなく観客をも巻き込んでいる。このようなゲームに対する新しい関わり方が、端末非依存によって出てくるかもしれない。家ではじっくりとプレイし、通勤中は軽くプレイし、友人と一緒にいるときは友人のプレイを応援するなどといった遊び方も出てくるかもしれない。

4つめの特徴は、ユーザーがゲームを始めるための準備がほとんどいらなくなることだ。面白そうだと思ったらすぐにプレイすることができる。ソフトをダウンロードして、インストー

ルする必要もない。ソフトの最新プログラムへのアップデートも必要ない。バスを待っている数分の空き時間でも気楽に遊ぶことができる。ユーザーに対していろいろなゲームとの関わり方を提供できるようになる。

IT業界の巨人参入により変わるゲーム業界の構図

２０１９年５月に、マイクロソフトとソニーの提携が電撃的に発表された。長年のライバル同士が手を組む衝撃のニュースだ。ソニーがマイクロソフトのクラウド「Ａｚｕｒｅ（アジュール）」を採用し、クラウドゲームを共同開発する。続く６月の米ゲーム見本市「Ｅ３」での話題は、マイクロソフトとグーグルのクラウドゲームの発表会だった。いずれも共通点はクラウドゲームだ。

クラウドの巨人アマゾンもクラウドゲームに参入するとの噂が絶えない。アマゾンはゲーム実況を配信する子会社ツイッチを抱え、実況動画を入り口にクラウドゲームに参入すると言われている。

ソニー、マイクロソフト、任天堂といったゲーム専用機メーカーが支配してきたゲーム業界に、クラウドゲームを引っ提げてグーグルやアマゾンというＩＴの巨人が殴り込みをかけ、クラウドゲームが主戦場になりつつある。従来のゲーム専用機メーカーのソニーやマイクロソフトにとっても、クラウドゲームは避けて通ることができない。

実はクラウドゲームはソニーのPlayStation Nowや米エヌヴィディアのGeForce NOWなど既に展開されているが、どれも商業的に成功しているとは言い難い。クラウドゲームの普及を阻んでいる一因が動作遅延だ。ボタンを押してから画面上に反応があるまでに遅延が生じてしまうようでは、高速で繰り出される技が勝敗を決める格闘ゲームを快適にプレイできない。

5Gを使えば、少なくとも端末と無線基地局との間は「超高速・大容量」「低遅延」を実現することができる。基地局とクラウドの間の遅延を抑えることができれば、クラウドゲームが現実味を帯びてくる。クラウドゲームが話題を集めている背景に5Gの商用化がある。

グーグルやアマゾンの参入は、世界のIT基盤として欠かせなくなってきたクラウドの覇権争いと関係してくるためだ。

ゲーム産業の規模はきわめて大きい。これらの顧客を自社のクラウドに取り込めなければ、クラウド覇権を維持できなくなるかもしれない。ニューズーによると、ゲームの市場規模は、動画配信、映画、DVDの合計よりも4割大きく、CDや音楽配信の合計の実に7倍で、市場成長率も10%を超えている。中国や東南アジアを中心に潜在需要はまだまだある。

クラウドゲームを取り込めるか否かが、クラウド事業の命運を左右することになる。

クラウドゲームを契機として、技術開発も活発化する。クラウドゲームには高度な技術が必要となるためだ。クラウドゲームでは、多くの端末とクラウドとの間で双方向の頻繁なやり取りを高速に行わなければならない。より高精細なグラフィックス処理を行うとともに、世界から集まるプレイヤーの同時プレイもサポートしなければいけない。ストリーミング配信などの一方通行のものに比べて、処理はきわめて複雑になる。

なお、クラウドゲームの将来性に関しては、否定的な意見も多い。クラウドゲームならではの体験を提供するゲームが、現時点では存在しないためだ。世界中の参加者が同じ体験をリアルタイムで共有し、プレイヤーも観戦者も楽しめるゲームなどが登場することで、クラウドゲームは現実味を帯びてくる。

iPhoneをはじめスマートフォンが市場を席巻した4Gの時代においても、「ゲーム専用機不要論」は叫ばれていた。しかし、ゲーム専用機はなくならず、ソニーはPlayStation 4で、任天堂はスイッチで復活した。クラウドゲームが今後どのような展開を見せるのか、目を離すことはできない。

将来を深く洞察していたネットフリックス

20年前には、動画をインターネット上でやり取りすることは夢の中での話であった。今では映像ストリーミング配信事業会社として有名な米ネットフリックスは、1997年にビデオレンタル事業会社として産声を上げた。インターネットに接続するには、電話番号にダイヤルして接続しなければいけなかったダイヤルアップ接続の時代だ。

当時のビデオレンタル業界ではブロックバスターが世界最大手として君臨し、自宅近くのショップでビデオを借りることが一般的だった。そこに、ネットフリックスは「なぜリアル店舗が必要なのか」「ビデオを郵送しても低コストなのではないか」「新作ビデオも安い価格で提供できないのか」「返却遅延に対するペナルティを減らすことができないか」という疑問を提起し、映画会社にも恩恵が及ぶように収益分配を行い、郵便を利用した定額制のオンラインビデオレンタルという画期的なサービスで業界に風穴を開けた。

2007年にネットフリックスは勝負にでる。コアビジネスを、ビデオレンタルサービスからビデオ・オン・デマンド方式によるストリーミング配信サービスに移行したのだ。2007年当時、ネットフリックスがストリーミング配信で今のような成功を収めるとは、ほとんどの人が予想していなかった。コンテンツ業界がネットフリックスに与えた配信権が破格の安さであったことも、ネットフリックスを過小評価していたことを裏付ける。

インターネットの通信速度が速くなったらどのような世界が生まれるのか、通信速度が速い世界では消費者はどのようなサービスを望むのかに関して、ネットフリックスは深く洞察していたことが成功につながった。

5Gをめぐっても、無線の大容量化が進むと将来どのような視聴体験が得られるのか、どのようなサービスが消費者に受け入れられるのか、コンテンツ事業者、ストリーミング配信事業者、通信事業者が知恵を絞っていかなければいけない。

5Gのモバイル高速環境では、動画の配信が今まで以上にストレスフリーになるため、動画配信市場の急成長が見込まれる。広告の動画化も進む。また、低遅延が実現されればコンサートやスポーツなどをリアルタイムにVRコンテンツとして楽しめるなど、多様な視聴体験が登場することになる。

動画配信を軸にした地殻変動

米メディア業界では、ネットフリックスの動画配信サービスの台頭を受け、大型再編が相次いでいる。

米通信大手のＡＴ＆Ｔは、タイムワーナーを８５４億ドルで買収した。動画は５Ｇのキラーコンテンツと言われるが、５Ｇの世界を体感するきっかけになる。見たい時に見たい動画があることは通信事業者の存在感を増す強力な武器となる。

米ウォルト・ディズニーは、21世紀フォックスを買収してその作品を取得するとともに、動画配信のHulu（フールー）を買収した。既に動画配信サービス「ディズニープラス」が２０１９年11月に米国でサービスを開始したが、Huluの買収でいよいよ動画配信への本格的な進出が始まる。買収を重ねて膨大な作品を有する「コンテンツ帝国」が、ネットフリックスへの動画配信を打ち切り、自社で独占配信する。

米アップルも２０１９年秋に「アップルＴＶプラス」の名称で動画配信サービスに乗り出し、独自のドラマや映画、ドキュメンタリーを配信し始めた。世界中に10億人を超えるiPhoneユーザー基盤は圧倒的だ。デバイス販売が頭打ちの中で定額課金（サブスクリプション）の動画配信で新たな収益を狙う。

既に世界各国の家庭に浸透しているネットフリックスとアマゾン・ドット・コムが、これらを迎え撃つ構図だ。２０１８年にはコンテンツ獲得に、ネットフリックスが約１３０億ドル、アマゾン・ドット・コムが約50億ドル規模で投資をしたとみられており、コンテンツの囲い込みはものすごい勢いで進んでいる。

このような動きの中で、2019年8月には、米メディア大手のCBSとバイアコムが合併することに合意した。成長市場の動画配信での出遅れが、映画やテレビを抱える巨大メディアの合併につながった。しかし、合併しても売上高は300億ドル程度であり、動画配信で先行しているネットフリックス、アマゾン・ドット・コム、AT&T、ウォルト・ディズニー、アップルなどに比べれば、圧倒的に規模が小さい。メディア再編はまだまだ続くことになりそうだ。

ユーザーが動画を見ることのできる時間は限られている。動画配信サービスに支払う金額も限度がある。ネットフリックスのリード・ヘイスティング最高経営責任者(CEO)は「我々はHBO以上にフォートナイトと競合している」と株主に宛てた手紙に記した。HBOはケーブルテレビ局、フォートナイトは米エピック・ゲームズが手掛ける人気ゲームソフトだ。消費者の時間の奪い合いをめぐる競争が始まっている。

動画とゲームの垣根がなくなる

ネットフリックスは、2019年6月に独自番組を題材にしたゲーム作りを進めると発表した。ネットフリックスは意識的に動画とゲームの境界線を曖昧にしようとしている。

クラウドゲームが背景にある。クラウドゲームでは、手元には5Gのネットワークにつながれた画面とコントローラーさえあれば良い。画面に描写されるデータはクラウドから送られてくる。ゲーム画面をクラウドから送信する機能は、まさに映像ストリーミング配信と同じだ。クラウドゲームは、ネットフリックスの映像コンテンツの配信プラットフォームに乗っかってくる。ゲームと映画のコンテンツを区別する必要はなくなる。

実際、ネットフリックスは、視聴者の選択によって脚本が変わるロールプレイングゲームのような仕掛けを盛り込んだ動画作品「ブラック・ミラー：バンダースナッチ」を2018年に配信し、話題を集めている。ゲーム業界では「まるで映画のようなゲーム」が増えてきているが、このネットフリックスの番組は「まるでゲームのような映画」だ。

5Gによりゲームのクラウド化や映像ストリーミング配信が一層進めば、ゲームと動画の垣根がなくなっていく。競争のルールが変わり、熾烈な戦いが始まる。

テレビとスマートフォンの垣根もなくなる

ウェブサイトの広告枠、SNS、ユーチューブなどのサイトでの動画広告売上高は、広告売上高の半分を占めるとも言われるほど、モバイル動画広告は急成長している。写真共有サイトのインスタグラムや中国発の短編動画投稿アプリTikTokに慣れ親しんだ若者を中心に、モバイル動画視聴は既にすっかり根づいている。

ただ、モバイル動画が根づいているといっても、動画視聴にはまだ制約がある。通信コストと消費電力だ。動画はデータ量が多いため、頻繁に動画を視聴すると速度制限に引っかかってしまう。また、ライブ配信などを長時間みることになれば、電池残量も気にしなければいけない。通信コストや消費電力などを気にする必要のないテレビに、未だに追い付けていないのが現状だ。

1Gから4Gまでの容量の拡大により、ビット当たりの通信コストは劇的に下がり続けた。また、消費者ニーズを満たすように省電力化も進んだ。5Gでも同様に、ビットあたりの通信コストは劇的に下がり、省電力化も一気に進む。

5Gにより、モバイル動画視聴のコストやストレスが劇的に下がれば、スマートフォンは今のテレビと同じように位置づけられ、一気にモバイル動画市場が花開くことになる。テレビとスマートフォンとで時間の取り合いが今まで以上に激しくなる。

テレビがインターネットにつながることで、家ではテレビで、外出先ではスマートフォンで動画を切れ目なく視聴する習慣が出てくることになろう。

　食品スーパーや家電量販店などの広告も動画化が進む。動画広告の制作を手掛けるカイゼンプラットフォームは、折り込みチラシの動画化を行うサービスを手掛けている。店舗側が持つ顧客データに基づいて動画の配布範囲を絞れば、効果的に消費者に働きかけることができる。売れ筋上位の商品を紹介する動画の有効性も確認済だ。動画広告であれば、来店につながっているかなどの効果を顧客データと組み合わせて精緻に測定することができる。

　街中や店舗内のサイネージ（電子看板）も含め、生活のあらゆるところに動画コンテンツが浸透していくことになる。

ARやVRは5Gで離陸するか

　4Gの時代には、スマートフォンの広まりとともに、LINEやインスタグラム、ユーチューブなどが一気に普及した。4Gという通信インフラが整うことで、その上にいろいろな新たなサービスが登場してきた。

　5Gでも、世界中の誰かが、ユニークなサービスを生み出すことになろう。ただ、サービスが登場した当初、当該サービスのインパクトを理解できた人はほとんどいなかったことには留意しなければいけない。フェイスブックが登場したとき、世界中の老若男女に広がると予想できた人はほとんどいないはずだ。一部の学生のみを対象にしたニッチなサービスという認識が大多数だった。

5Gの展開に合わせて飛躍することが期待されているサービスが、AR(拡張現実)やVR(仮想現実)だ。今はニッチなサービスであるが、5Gとの親和性が高いことから、期待が高まっている。

ARやVRの眼鏡型のスマートグラスというとグーグルグラスが有名だが、ARやVRの歴史はとても長い。50年も前の1968年には、アメリカの計算機科学者のアイバン・サザランドらが、頭にかぶるヘッドマウントディスプレイシステム「The Sword of Damocles(ダモクレスの剣)」を開発している。その当時のものと今のものとで、原理自体は変わっていない。

変わったのは、品質と価格だ。品質の向上と価格の低下により、スマートグラスはゲームの他に、宇宙飛行士、外科医、兵士など専門的な職業訓練でも使われるようになってきた。しかし、そうはいっても、1990年代から大きな期待を集めてきたわりには、なかなか飛躍しなかった。鳴かず飛ばずの時代が続いていたと言っても良い。マイクロソフトのホロレンズ2、米オキュラスのOculus Rift S、ソニーのPlayStation VRなど、種々のスマートグラスが市場に投入されてはいるものの、まだまだ広く普及しているとは言い難い。

現在のスマートグラスが抱える課題は、以下の3つだ。

1つめの課題が消費電力だ。スマートグラスで高精細な画像を表示するには、GPUが必要となるが、GPUを搭載すると消費電力が大きくなってしまう。

2つめの課題が価格だ。高精細のグラフィックス機能を搭載すると、どうしても高価になってしまう。

3つめの課題は、1人用になってしまっていることだ。多くのAR／VR製品は、1人で利用することを想定して設計されている。複数のユーザーが仮想空間で共同開発作業を行えるようにするためには、低遅延でなければいけないためだ。遅延が生じると、乗り物酔いの症状を引き起こしてしまい使い物にならなくなってしまう。

現実と仮想の境目が消える

5G時代の新しいサービスとしてARやVRが期待されている理由は、これらの課題を5Gで解決できる可能性があるからだ。5Gであれば、映像ストリーミング配信と同様、グラフィックス処理などの複雑な処理をクラウド側に持たせることができ、スマートグラスは最小限の機能のみを保持していれば良い。これにより、消費電力と価格の課題に対処することができる。また、クラウドに低遅延で接続し、クラウド側で処理を行えば、複数のユーザーが仮想空間内で共同開発を行うことなども容易に実現することができる。複数のユーザーが同時に仮想空間で1つの作品を作り上げていくといったマルチユーザー環境を実現できる。

ARやVRにおいて5G活用がまず進むのが、スポーツとゲームの分野だ。

スポーツでは、東京オリンピック・パラリンピック競技大会の開催を見据えた、ARやVRでの新たな視聴体験が出てくることになる。例えば、スマートグラスを装着すれば、実際の競技シーンを観戦しながら、スマートグラス上に映し出された解説や選手情報などのコンテンツを同時に目にすることができるようになる。水泳競技の場合には、ターン直後にタイム順の選手順位やレーンナンバー、さらに選手同士のタイム差など、刻々と変化するレースの展開が、スマートグラス上にリアルタイムで表示される。そして、ゴール時には成績上位順にレーンナンバー、選手名、ゴールタイムが瞬時に映し出される。電光掲示板に視線を移す必要がなく、単に眼鏡越しに競技シーンを見ているだけで良い。

東京ソラマチにあるNTTドコモの未来体験空間「PLAY 5G 明日をあそべ」では、VRやARを活用した乗馬体験やスポーツ観戦の展示を行っている。参加者が同一の仮想空間のクロスカントリー場に集まり障害物乗馬レースを体験する「VR馬術」、遠隔対戦型車椅子レース「CYBER WHEEL」、360度高精細動画像を用いて相手と対戦する「VRフェンシング」、スポーツ競技の映像や選手の動きなどを自由な視点で観戦できる「ジオスタ」などだ。

ゲーム分野では、ポケモンGOの米ナイアンティックが「コードネーム：ネオン」というARゲームを開発している。スマートフォンのアプリ上でARの光球を発射して複数のプレイヤーと対戦するものだ。

実は、これと似たようなゲームを、既に日本のスタートアップ企業meleapが開発済だ。人気漫画『ドラゴンボール』の必殺技「かめはめ波」を打つテクノスポーツ「HADO」だ。スマートグラスを装着して戦う。プレイヤーが漫画さながらに腕を突き出すと、エナジーボールという光の弾が飛び出す。相手からのエナジーボールをかわし、相手にエナジーボールを打ち込むことで得点を競う。

このようなARゲームを実現するためには、プレイヤーの位置やエナジーボールの経路を把握し、その情報をすべてのプレイヤーで共有しなければならない。目の前の人間や物体とのやり取りが必要となるため、遅延をごまかすことはできない。まさに5Gの特徴を活かすことのできるゲームだ。

5Gにより現実と仮想現実とが溶け合いはじめ、新たな体験価値をユーザーにもたらすことができる。5Gならではの突き抜けたアイデアが出てくることを期待したい。

4K遠隔作業支援などの産業応用も

ARは、産業応用向けに少しずつ入りつつある。例えば、工場の作業マニュアルのAR化だ。現場の作業員が装着したスマートグラスや作業員が携行するタブレットで工作機械を見ると、故障したときの部品の交換手順などが表示され、故障発生から解決、再稼働の時間を大幅に短縮することができるようになりつつある。

5Gの高速・大容量性を活用すれば、ARを用いた4K遠隔監視なども可能となる。

KDDIと日本航空は、航空機の整備作業の遠隔支援を想定した検証を行っている。作業現場の作業員のスマートグラスやタブレットの画面上に、調査すべき箇所や作業内容などといった指示が精緻に表示されるシステムだ。遠隔にいる指示者のモニターには、機体の4K映像がリアルタイムで表示されており、指示者は4K映像を見ながら作業現場の作業員に指示を出す。

作業現場からの高精細の4K映像により、機材の表面にできたうっすらとした傷や、表面に付着したわずかな水滴をも正確に遠隔の指示者が確認できるようになる。また、4K映像であれば、カメラを動かさずに検査したい箇所だけを拡大して確認することも可能となり、使い勝手が格段に良くなる。５Ｇの高速・大容量性により、整備や検査という作業の効率を上げることができるようになる。

ＡＲやＶＲは、近未来ＳＦ映画の『マイノリティ・リポート』の世界の実現に向けて進んでいく。『マイノリティ・リポート』では、モールを歩いていると、パーソナライズされた広告が次々に提供されるシーンや、透明なディスプレイ上に映し出されたモノを手と指の動きで操作するシーンなどがある。５Ｇと親和性の高いＡＲやＶＲが、今後どのように普及していくのか、そして誰が未来のデジタル空間の覇権を握るのか、今後の展開が楽しみだ。

都市の安全を見守る

５Ｇの高速・大容量機能で高精細な映像を送ることができるようになり、多数同時接続機能で多くのセンサーをネットワークに接続できるようになれば、都市のあり方も変わることになる。５Ｇは、日本政府が実現に力を注ぐ超スマート社会「Society 5.0」を支える通信インフラになる。

Society 5.0を端的に言うと、モノがインターネットにつながることで、今まで以上により快適に暮らしたり、仕事をしたりすることができる社会像であり、ＩｏＴが目指す世界観そのものだ。

都市を丸ごと高精細映像やセンサーなどで広域監視できる環境が整えば、犯罪の未然防止、防災・減災、交通事故防止など、安全・安心な都市を実現することができる。

例えば、総合警備保障（ＡＬＳＯＫ）はＮＴＴドコモと共同で、「現代版火の見櫓」の実証実験を進めている。東京スカイツリーに設置した広域監視４Ｋカメラ（鳥の目）では、周辺１平方キロメートルの道路を監視し、事故や災害などを迅速に検出する。施設に設置した４Ｋカメラ（虫の目）では、不審者や危険物を検知する。警備員やドローンに装着した４Ｋカメラ（魚の目）では、警備員が迅速にかけつけ現場の映像などを監視センターに送る。これら3種類のカメラ映像を駆使し、都市空間全体の面的な見守りを行う。

都市空間の監視で進んでいるのが中国だ。都市部を中心に2億台もの監視カメラが「天網」と呼ばれるネットワークに接続されている。人や車両の識別が可能で、２０１７年にはＢＢＣの記者が7分で居場所を見つけ出された実験の模様を、ＢＢＣが報じている。２０２２年には監視カメラ設置台数が27億６０００万台にも達すると言われており、中国国民１人あたり２台の監視カメラが設置される計算だ。

カメラは、安全確保、利便性、快適性向上のために必要なものではあるが、意識しないうちに自らが撮影され、いつ、どこで誰といるのかまで特定されてしまわれかねないことに対する配慮は必要だ。特定個人に不利益をもたらさないよう、不安を感じさせることのないよう、丁寧に議論を進めていかなければいけない。

地方も変わる

地方での5Gの活用も期待が高い。第1章で述べたように、総務省は親局となる高度特定基地局を10キロメートル四方の区画ごとに整備することを求めている。

5Gにおいて通信の主役が「ヒト」から「モノ」に変わることで、デジタル化が促進され、生産性の向上につながる可能性があるからだ。

5Gを用いたものではないが、シンプルなデジタル化でも価値を創出している2つの事例を紹介しよう。

大手バス会社の赤字バス路線を引き継いだイーグルバス(埼玉県)は、車両にGPSやカメラや赤外線センサーを設置して運行状況を見える化し、バスルートや時刻表を変更して利用者数の増加を実現し収益に結びつけている。

四国から始まった古紙回収の取り組みでは、古紙回収事業者、スーパーマーケット、顧客の3者がウィン・ウィンの関係を作り上げている。古紙回収事業者は古紙回収ボックスにセンサーと無線通信モジュールを付け、いま現在古紙回収ボックスにどれだけの古紙がたまっているかを遠隔からわかるようにした。これにより、適切なタイミングで回収しに行くことができ、回収コストを3分の1にまで抑えることができる。

この古紙回収ボックスをスーパーの駐車場に設置し、顧客が古紙を持ち込むとスーパーのポイントがもらえる仕組みだ。スーパーのポイント分は、古紙回収事業者の回収コストの削減分の一部を還元する。

スーパーは顧客の来店頻度の向上が期待でき、顧客はポイントをもらえ、古紙回収事業者は無駄な回収作業を減らすことができる。「三方よし」の仕組みを、古紙回収ボックスを少しだけスマート化しただけで作り上げた事例だ。

いずれのケースも市場規模やインパクトは小さいものの、おろそかにすることはできない。他の企業に差をつけられて競争力を失ってしまうためだ。

5Gが地方の生産性向上の起爆剤に

5Gが身近になり、IoTを手軽に使えるようになることで、地方経済圏に存在するこのような事例が掘り起こされるかもしれない。これこそが5Gへの期待だ。

これから我々が立ち向かわなければいけないのは、日本史上類を見ない急激な人口減少だ。これが、地方に対して「地域経済規模の縮小」と「維持困難となる地域社会」といった形で大きな影響を与える。地域全体で立ち向かっていく必要があるが、デジタルが果たすべき役割もきわめて大きい。将来への危機感が地域でのデジタル化を後押しし、生産性を高め価値の創出につなげられれば、人口減少の負のスパイラルから抜け出すことができる。

地方経済圏に属する多くの中小企業は労働生産性が低く、非正規雇用も多いという構造的要因を抱えている。非製造業の労働生産性を米国や欧州主要国と比べてみると、日本の生産性は米国の6割以下、ドイツ、フランス、英国と比べても低い水準である。

もちろん、わが国のサービスは正確性、信頼性、丁寧な接客という特徴があり、サービスの質の違いという要素も考慮しなければいけないものの、生産性がきわめて低い中小企業が多く存在していることは事実である。

また、人口減少社会の下で人手不足が顕在化する中、良い人材を確保し、定着してもらうためには、相応の賃金が必要である。このためにも、従業員1人あたりの生産性を上げるしかない。

地域経済の活性化のみならず、日本経済の成長・発展に資する地域中小サービス事業者の生産性向上に向けて、IoTの導入が1つの鍵となる。デジタル化により、生産性を高めるツールがIoTだ。必ずしも5Gが必須というわけではない。5Gを使わなくても多くのことが可能だ。ただ、5Gはこのような動きを後押しする。これにより、労働力人口の減少に立ち向かいながら、地域活性化につながって欲しいと強く願っている。

地方ならではの強み

地方ならではの強みは「近さ」だ。地方は現場も人間関係も距離が近いため、問題やニーズを把握しやすく、さまざまな連携を進めやすい。例えば、地方では、ITソフトウェア会社、塗装業、水道工事業といった社長同士の仲がいい。こうした現場の近さから何かが生まれる余地が高い。デジタル化の第1ステップは、現場での「気づき」にあるためだ。顔と顔が見えている関係やコンパクトさは現場での問題やニーズを把握できる強みであり、ちょっとした気づきや工夫を実行に移していきやすい環境にある。

また、低コストでさくっとＩｏＴシステムを構築できるようになるのも追い風だ。地方の高等専門学校の学生が、酪農家や畜産家からニーズを拾い出し、牛の発情を検知する機器を構築したなどの事例が既にある。５Ｇが登場することで、デジタル化をより簡単に実現できるようになる。

これらの点を踏まえると、地方創生とデジタルはとても親和性が高い。あらゆる産業がスマート化され生産性が上がるとともに、新しい仕事も生まれ、産業競争力も高まる。一つ一つの市場規模はそれほど大きくないかもしれないが、それこそが地方にとってのメリットになる。大手企業が参入しない中小企業向けのほど良いサイズの市場が、地方には膨大に存在する。このような中小企業が地方にたくさん出てくると、地方も国も元気になる。

水道に特化したＩＴソフトウェア企業、土木分野に特化したＩＴソフトウェア企業、畜産業に特化したＩＴソフトウェア企業など、さまざまな企業が立ち上がる可能性がある。今までは、ＩＴ企業とそれ以外の企業との接点は強いとは言えなかったが、デジタルという言葉を介して次第に結びつきを深めていく。地方にはこのような接点がたくさんある。

データに基づくまちづくり

データに基づく議論を行うことで、新たなまちづくりも可能となる。２０１５年に国が提供をはじめた「地域経済分析システム（RESAS）」は、地方経済に関わるさまざまなデータを収集・分析し、わかりやすい形で提供している。統計資料や企業データなどを用いて、地方経済に関する情報を「産業」「農林水産業」「観光」「人口」「自治体比較」の5種類で分析する。

例えば、訪日外国人がどんなルートで移動しているのか、輸出が盛んなエリアや品目は何か、農地流動化が進んでいる地域はどこなのか、域外から稼いでいる産業は何かなどの詳細が、日本地図上に描画される。俯瞰的な目線で「ヒト・モノ・カネ」の流れを把握できる

富山市では、住民基本台帳データを用いて、高齢者の分布、高齢者単独世帯の分布、要介護・要支援認定者の分布などを可視化し、社会資本整備計画や福祉・医療・教育施設等の適正配置に反映させている。

都市施設、地価、社会インフラ維持コスト、地方税収、通行量（自動車／歩行者）、購買履歴、空き店舗、賃貸物件床単価などのデータを用いることができれば、将来のまちのあり方を予測することもできる。携帯電話やクルマから得られる位置データを用いることができれば、人やクルマの動線まで把握できるようになり、予測精度はさらに高まる。

５Gによって、より多種多様なデータを収集することができるようになり、これらのデータ

をうまく使いこなすことができれば、新たな社会やまちをデザインしていくことができる。5年後や10年後のまちのあり方を示すことにより、コミュニティ自身が、コンパクトなまちづくり、魅力的な生活づくり、地域特性を活かした産業振興などといった施策を考えるきっかけにもなる。中心市街地の再生に向けたテナントミックス事業にも結びつく。

人口減少、高齢化、低炭素化に対応する持続可能なまちづくりにあたって、リアルなデータを整備し、分析していくことが必要だ。

第３章　モバイル興亡史をふり返る
――通信規格の世代交代――

10年ごとに進化してきたケータイ

5GのGは「Generation（世代）」で、移動通信システムの第5世代の通信規格だ。移動通信システムは、ほぼ10年ごとに第1世代から第4世代まで進化してきた（図3-1）。平成の30年を経て最大通信速度は約1万倍となり、今や人々の生活において切り離すことのできないツールだ。

1980年代の第1世代はアナログ方式で、用途は通話に限られていた。1990年代に広がった第2世代でデジタル方式が登場し、文字や絵文字によるメールができるようになる。2000年代の第3世代では携帯電話端末からネットにつなぐのが当たり前になった。そして、2010年代の第4世代でスマートフォンが普及し、SNSや動画配信などの利用が広がり、さまざまなアプリケーションが登場した。

これらの進化を支えたのが高速化だ。一秒間にどれだけの情報量を送ることができるかを示す通信速度（単位はbps：bit per second）は、2・4キロビット（kbps）（1G）、28・8キロビッ

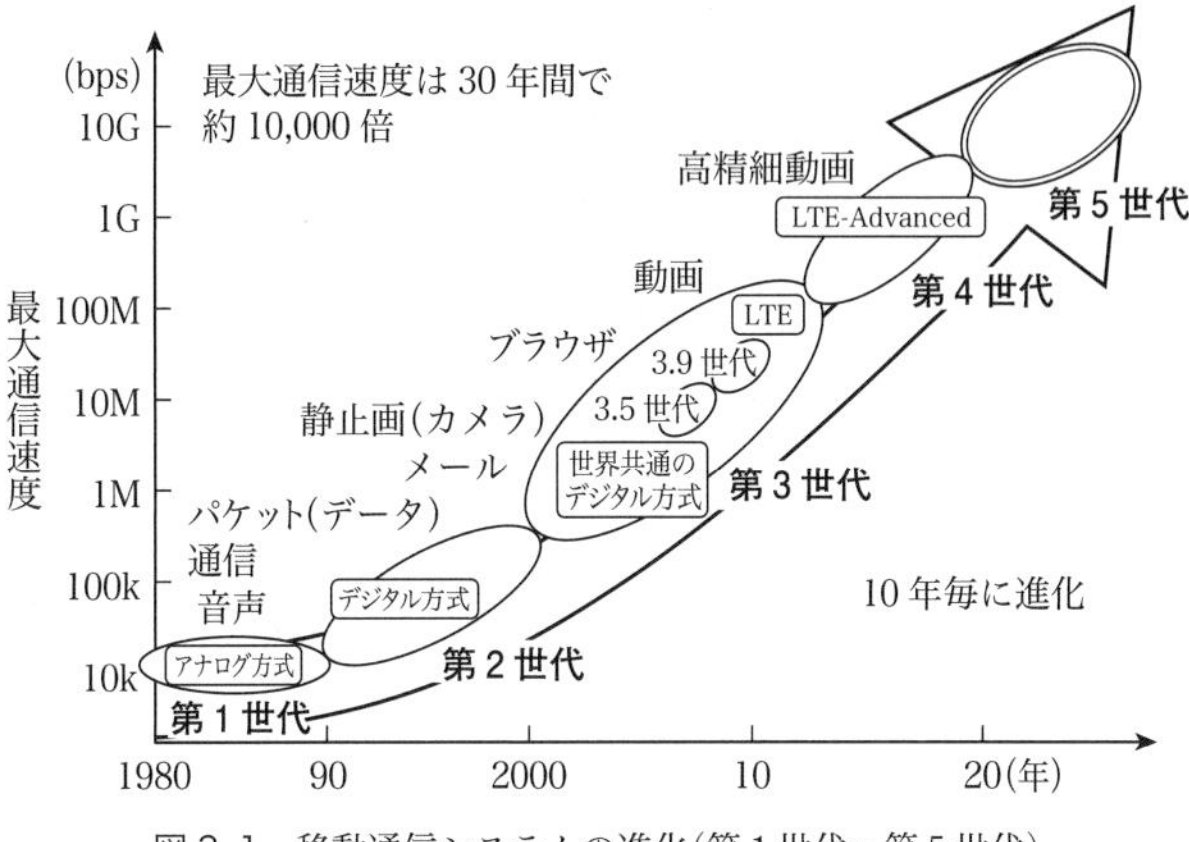

図3-1　移動通信システムの進化(第1世代～第5世代)
出典：総務省

ト(2G)、384キロビット(3G)、14メガビット(Mbps)(3・5G)、100メガビット(3・9G)、1ギガビット(4G)と進化し、平成の30年を通して多量の情報を瞬時に送受信できるようになった。

通信規格の世代交代は、我々の生活を一変させてきた。

1Gで、外出先で電話をかけられるようになった。公衆電話や駅の伝言板を探す必要がなくなった。

2Gで、通話以外にメールもできるようになり、携帯電話がコミュニケーションの必需品となった。

3Gで、携帯電話がネットに接続されるようになった。カメラや音楽プレイヤーといった他の家電の機能を携帯電話が取り込みはじめ、パソコン業界や家電業界との境目が曖昧になった。

4Gはスマートフォンの時代だ。3Gの後半に登場したiPhoneが、携帯電話の歴史を塗り替えた。アプリをダウンロードすればいくらでも機能を追加でき、スマートフォン1つで買い物から道案内までできるようになった。本章では、この30年間の変化を簡単にふり返ってみたい。

5Gでも事業や生活が一変するのか

通信規格の世代交代は、携帯電話端末の勝者も一変させてきた。

グローバルにみると、1Gの勝者はモトローラだった。しかしモトローラは2Gへの移行をうまくできず、2Gではブラックベリーが台頭した。3Gではノキアが圧倒的な強さを誇ったが、4Gでのスマートフォンの波に乗ることができずノキア端末は消滅してしまった。そして、4Gではアップルが世界を席巻した。

このような歴史を踏まえると、5Gでも新たなビジネス生態系(エコシステム)が作られるかもしれない。我々は「5Gの勝者は誰になるのか」「5Gでスマートフォンに代わる新しいサービスが登場するのか」「携帯の世代が替わると事業や生活が一変してきた歴史が5Gでも繰り返されるのか」と問い続けていかなければいけない。

新しい技術の登場時には、普及について懐疑的な声があがるのが常である。

１９９０年前後、持ち歩ける携帯電話が登場したときは、「どこにいても電話がかかってくるのは避けたい。携帯電話なんて持ち歩きたくない」という声が多かった。

１９９９年に登場したｉモードのときは、「携帯の小さな画面では、そもそも情報量が限られる。あの小さなテンキーで日本語を入力するのは一部の若者だけだ」との声が多くあがった。その後登場したカメラ付きケータイでも、「カメラ付きケータイにカメラが負けるはずがない」と言われた。

２００７年にiPhoneが登場する前、既にスマートフォンは複数存在したものの、普及は一部のマニアに限られていた。多くの事業者がスマートフォン市場に参入したが、iPhoneの登場までスマートフォン市場は立ち上がらなかった。iPhoneでさえ、登場したときは「マニア向け」と言われていた。

このような話は、枚挙にいとまがない。

インターネットの登場時には、「インターネットは誰も儲からない。ビジネスにはならない」「素人的な仕組みで、通信には使えない」「大学関係者などマニア向けのものだ」といった声が飛び交っていた。

ワープロに対しては、「日本は手書き文化で、欧米のタイプライターの文化とは違う。一部の人しか使わない」とも言われた。

今まで携帯電話は世代ごとに、我々の生活に大きな影響を与えてきた。世代ごとに、新しい市場も立ち上がった。5Gではどうなるのか、VRやARなどの市場も立ち上がるかもしれないし、IoTが社会のすみずみに浸透するかもしれない。事業や生活が一変する可能性は十分ある。

今までの歴史を紐解いても、事業や生活が変わる前に、気づく人はほとんどいない。懐疑的な声があがるのもこのためだ。5G時代を見通すためにも、以下、平成を彩ったモバイルの歴史を振り返ってみよう。

アナログだった第1世代

電話をアナログで「無線化」したものが第一世代だ。出先で電話をかけたければ公衆電話を探し、待ち合わせには駅の伝言板を使い、自動車電話付きの社用車がステータスだった時代だ。

1979年、日本電信電話公社が世界初のセルラー方式でのアナログ自動車電話サービスを開始する。セルラー方式とは、エリアを一定の区画（セル）に分割し、セルごとに複数の無線基地局を設置し、セルをまたいで移動しながらでも通話を継続できる方式である。セルラー方式が登場する前は、1つの基地局がカバーするセル内のみでの通話しかできず、セルをまたいで広いエリアを移動しながら通話することはできなかった。

日本電信電話公社が日本電信電話株式会社（NTT）として民営化した1985年には、自動車の外からでも通話が可能なショルダー型の端末が登場し、その後、さらに小型軽量化が行われ携帯電話と呼ばれる持ち運べる電話機への進化が始まった。

1991年、当時世界最小と言われた小型携帯電話mova（ムーバ）シリーズの端末が発売される。画期的な折り畳みタイプもあったが、バッテリーのもちが悪いため、一日使うには予備バッテリーを持ち歩かなければならなかった。外出中でも電話できる便利さはビジネスユーザーに少しずつ受け入れられていったものの、通信料金が高価だったこともあり、普及の速度はとてもゆっくりとしたものだった。

このような時代背景の中で産声を上げたのがNTTドコモだ。1992年にNTTが移動通信事業をエヌ・ティ・ティ移動通信網（2000年にエヌ・ティ・ティ・ドコモに商号変更）に営業譲渡する。1979年に世界初の自動車電話サービスを開始したにもかかわらず、加入者数はとてもゆっくりとしか伸びず、移動通信事業の収支は大幅な赤字が続いていた中での分離だ。

１９９２年にＮＴＴからＮＴＴドコモに転籍した社員のうち、携帯電話が現在のように華々しい事業になると考えていた人はおそらく誰一人いなかっただろう。赤字垂れ流しのまま人員削減がなされると考えていた人がほとんどだっただろう。１Ｇは、まさに携帯電話冬の時代の通信規格だった。

携帯電話が普及し始めた第２世代

１９９０年代の第２世代はデジタル方式だ。

１９９３年にデジタル方式によるサービスが開始される。音声を０と１のデジタル信号に変換して送受信するデジタル化により、１Ｇに比べて高品質・高性能の通話が実現されることになる。

ユーザーからみたアナログ方式とデジタル方式の違いは、品質、傍受、雑音と強制切断となる。

デジタル方式の音声品質はアナログ方式に比べて圧倒的に良い。多くの情報量を詰め込めるからだ。

第三者が無線を傍受して聞くことができなくなったのもデジタル方式の特徴だ。アナログ方式では、秋葉原で売っているトランシーバーを使えば、ラジオの局に周波数を合わせる感覚で通話を聞くことができた。通話が暗号化されたデジタル方式では、もちろん聞くことができない。

雑音と強制切断の観点では、アナログ方式の方がデジタル方式よりもユーザーフレンドリーだったかもしれない。アナログ方式では電波状態が悪くなるとざーという雑音が少しずつ増え、雑音がある一定量まで達したときに通話が強制切断される。これに対し、デジタル方式では雑音が増えることなくいきなり強制切断されてしまう。アナログ方式のときは雑音が増えたら通話の相手先にそろそろ切れるかもしれないと伝えることができたが、デジタル方式ではそれもできずいきなり切れてしまう。アナログテレビでは雑音が入ると映像が乱れるが、デジタルテレビでは映像の乱れがなく、画面が映るか映らないかのいずれかとなるのと同じ現象である。

当時、次のような言葉をよく聞いた。「途中で唐突に切断されてしまうような品質の悪いサービスは日本人には受け入れられない。日本のユーザーは、高品質のサービスを求めている」「携帯電話は途中で切断されるし、音声品質も有線の電話に比べてとても悪い」。

それでも、携帯電話は普及した。新技術が登場するとき、顧客が本当に何を求めているのか、顧客の真のニーズを的確に把握することはいつの時代でも難しいことを教えてくれる。

なぜ、携帯が一気に普及したのか

2G時代で特筆すべき2点は、「携帯電話の普及」と「iモードの登場」だ。

1994年まで携帯電話の普及は頭打ちであったが、1994年を境に普及期に入る。普及を後押しした要因は、携帯電話の小型化・低廉化に加えて、「端末売り切り制の導入」「デジタル携帯電話事業者の新規参入」「PHSによる個人ユーザーへの浸透」である。

端末売り切り制とは、利用者が端末を所有することを可能としたものだ。それまでの端末は、通信事業者によるレンタルで、ブランド名も通信事業者だった。端末売り切り制により、各メーカーが競って利用者に魅力的な端末を供給するようになった。

また、新たに周波数帯域が割り当てられ、デジタルホングループ、デジタルツーカーグループ(共に現在のソフトバンク)、IDO、DDIセルラーグループ、ツーカーグループ(現在のKDDI)などといったデジタル携帯電話事業者の新規参入が相次ぎ、携帯電話市場での競争が活発になったことも普及を後押しした。

郵政省(現在の総務省)による「端末売り切り制の導入」と「デジタル携帯電話事業者の新規

参入」の施策の導入は大きなインパクトになった。これにより競争原理が働き、サービスの多様化・高度化・サービス料金の低廉化・市場の拡大につながることになる。

PHSの登場

携帯電話の普及に大きな影響を与えたもう1つの要因が、1995年にサービスを開始したPHS(Personal Handy-phone System)だ。

PHSは、発着信可能な公衆型コードレス電話として開発された方式である。当時の最先端技術を取り込み、「通話料金が高い」「携帯電話端末が重い」「音質が悪い」「電池のもちが悪い」といった携帯電話の課題を解決し、誰もが安く手軽に簡単に使えるようにという発想で開発された。通話料金も公衆電話の1分間10円を基本として、携帯電話に比べてかなり安い利用料金設定がなされた。

通話料金の安さから、ポケベルに慣れ親しんだ世代を中心にPHSが普及し始めた。これが携帯電話陣営に相当の危機感を与え、携帯電話事業者に発奮を促した。PHSの販売攻勢に対抗し、さらなる小型化、軽量化を進め、バッテリー寿命を長くし、通話料金を安くしたのだ。

通話料金が安く、バッテリー寿命も長くなったことで、PHSを使っている人たちが少しずつ携帯電話に乗り換えるようになった。ＰＨＳには大きな問題があったからだ。ＰＨＳは、歩きながら話をしていると急にぶつっと切れてしまうことがあった。１つの基地局がカバーするエリアが半径１００メートル程度と狭く、歩いているだけでこの基地局をまたがってしまうことによるものだ。

ＰＨＳでモバイルに親しんだユーザーはモバイルの便利さを実感し、料金が高くても途切れない携帯電話に乗り換えていった。利用ユーザー層は、ビジネスマンだけでなく、友人同士の連絡や家族の連絡用電話として、学生の友達同士の連絡網など私用での使用が広がり、利用者は爆発的に増加した。

ＰＨＳは、当時の最先端の技術で設計した素晴らしい方式だった。しかし、携帯電話の普及に一役買ったものの、ＰＨＳ自体は普及しなかった。

ＰＨＳが普及しなかったのは顧客ニーズを取り違えていたからだ。

ＰＨＳは、家やオフィスでのコードレス電話の子機を、外でも使えるようにするという発想で作られた。せっかく家の中にコードレス電話の子機があるのだから、駅前のスーパーに買い物に行くときにその子機を持ち出せれば便利なのでは、という発想で作られたものだ。そのため、電車やバスに乗っているときに通話し続けるというシーンは考慮していなかった。あくまでも公衆電話の代替のイメージだった。

公衆電話の代替であれば、移動しながら途切れずに通話を継続させるための機能が不要になるため、圧倒的な低コストで実現することができる。例えば、携帯電話の基地局の設置費用が数千万円以上と言われていたときに、ＰＨＳの基地局は数十万円という非常に安価で小さいものだった。公衆電話ボックスの上に設置されることも多かった。

しかし、ユーザーが求めていたものは、公衆電話の代替ではなかった。移動しながら通話をしているときに通話がぶつっと切断されてしまうことは、ユーザーにとってとても大きなストレスだったのだ。また、駅前などの特定の場所に限らず、どこでも通話をしたかった。そのため、少々値段が高くても、サービエリアが広く、移動しながらでも通話を継続できる携帯電話に乗り換えていったのである。

ポケットベルは日本電信電話公社が作った和製英語で、短縮化した呼び方がポケベルである。世界的にはページャー(pager)と呼ばれる。ホテルやデパートなどで人を呼び出すために歩く人を page boy と呼ぶことからつけられた言葉だ。

送信局からポケットベル端末に「ピーピー」となる音で自分への連絡があることを伝え

る片方向の無線呼出しサービスだ。携帯電話が普及する前には市場の急成長が見込まれ、36社ものポケットベル運営会社が設立された。

数字を用いた語呂合わせによるメッセージ送信などが若年層において広まり、メッセージを送るために公衆電話に並ぶ光景が至る所でみられたほど、社会的現象としてブームとなった。

世界に衝撃を与えたｉモード

「ｉモード」は、インターネットと携帯電話の融合を実現するという触れ込みで、１９９９年にＮＴＴドコモが開始したサービスである。ｉモードは大ヒットし、ＮＴＴドコモの時価総額は２０００年2月に過去最高の42兆円にも達した。

ｉモードがインターネットの歴史の中で欠かせない存在であることに疑う余地はない。占い、モバイルバンク、チケット、恋愛ゲームなどをはじめとするコンテンツ、モバゲーやグリーといったＳＮＳなど、モバイルで簡単に利用できる仕組みを構築し、インターネットの利用者の幅を一気に広げた立役者だ。

ｉモードが世界に衝撃を与えたのはプラットフォームビジネスの成功事例であるからだ。世界に誇るべきわが国のイノベーションの1つである。2000年代、世界中のビジネススクールで素晴らしいプラットフォームとして必ず取り上げられたのがｉモードだ。

ｉモードは世界初のコンテンツ・プラットフォームで、アップルはｉモードを研究してApp Storeを作り上げたとも言われている。コンテンツ提供会社がコンテンツを供給し、ユーザーがそれを利用すると、利用料をＮＴＴドコモが徴収する。10％程度の手数料を差し引いた上で、コンテンツ供給会社に売り上げを分配する。この仕組みはアップルのApp Storeと基本的には同じだ（ただし、App Storeの手数料は30％とも言われている）。

ｉモードビジネスの要諦はエコシステムマネジメントである。重要なステークホルダーは通信事業者、コンテンツ提供会社、端末メーカーである。端末メーカーは、ｉモードに準拠した端末を開発しなければいけないが、ｉモードのユーザーが増えれば端末の売り上げが増える。これらのステークホルダーがウィンウィンとなる生態系（エコシステム）を築き上げたのがｉモードだ。

当時、ユーザーが余分に月額2000～3000円もデータサービスにお金を払っていたのは世界的に見て驚くべき状況だった。魅力的なコンテンツが多く揃えば、多くのユーザーが集まる。お金を払ってくれるユーザーが増えれば、コンテンツも増えるという好循環だ。

ｉモードにより月額１００〜３００円といった少額課金が可能となったことが背景にある。例えば、月額３００円のコンテンツに対して30万人集めることができれば、月に９０００万円の売り上げとなる。このような事業形態はｉモード以前には存在し得なかった。ｉモードの登場によって、まったく新しいコンテンツ市場が生まれ、多くのコンテンツ提供会社が参入する活気ある市場となった。

ｉモードの月額課金は、現在の言葉で言うと「サブスク（サブスクリプション）モデル」だ。サブスクリプションとは、継続利用を前提とした定額制のサービスのことである。コンテンツ提供会社は毎月一定の収入を見込めるため、経営を安定させることができ品質の高いコンテンツを投入できた。

これに対して、現在のスマートフォンのコンテンツは、１回販売するだけの売り切り型がほとんどである。アップルなどもサブスク型への転換を考えているとの噂も聞こえてくる。20年遅れでｉモードのモデルに追いつくことになるかもしれない。

高機能化が進んだ３Ｇ

第３世代は、専門家の間ではIMT-2000（International Mobile Telecommunication 2000）と呼ばれる

方式だ。「サービス開始時期を２０００年にする」「使用する周波数帯域を２０００メガヘルツ（ＭＨｚ）帯にする」「最大データ速度を２０００キロビット／秒にする」という３つの２０００を目標にしたことから「IMT-2000」と命名された。

２Ｇとの違いは、より高速にデータ通信を行えることと世界共通の規格であることだ。１Ｇや２Ｇでは地域ごとに別々の技術で商用サービスがなされていたため、携帯電話は地域限定であった。今のように、１台の携帯電話を持ち歩いて世界中で使うことはできなかった。

このため、国際連合の専門機関である国際電気通信連合（ＩＴＵ）が標準化を進め、世界共通の標準規格を作った。３Ｇによって、１つの端末を世界中に持ち歩いて使える時代が始まった。

３Ｇ時代の特徴は、携帯電話端末が、通話機能だけでなく、カメラ、おサイフケータイ、ワンセグ視聴機能、着うた・着メロなど、さまざまな機能を搭載するようになっていったことだ。２０００年にはＪ-ＰＨＯＮＥ（現在のソフトバンク）が世界に先駆けて携帯電話にカメラを搭載し、撮影した画像を電子メールに添付して送信する機能を提供した。２００６年には、ソニー・エリクソン製の携帯電話端末に音楽再生チップと音楽専用メモリが内蔵され、30時間の連続音楽再生が可能になった。

いわゆるガラケーだ。ガラケーとは、「ガラパゴス・ケータイ」の略で、世界の端末市場の中で日本独自の進化を遂げた携帯電話を、大陸から隔離された結果、独自の進化を遂げたガラパゴス諸島の生物になぞらえた用語である。

3Gの高速・大容量化や料金の低廉化、端末の機能の充実によって、写真や動画をはじめとする多様なビジュアルコンテンツを気軽に作成・共有することが可能となり、人々のコミュニケーションが音声や文字から写真や動画をも使いこなす形態に変化した。カメラや音楽プレイヤーといった他の家電製品の機能に加え、決済システムや放送などすべてを携帯電話が飲み込み始めたのが3G時代の特徴だ。しかし、3G時代の後半にシンプルなユーザーインタフェースで颯爽と登場したiPhoneが、これらの高機能化の流れを断ち切ることになる。

iPhone の登場

2007年に携帯電話の歴史を塗り替えるiPhoneが登場した。2010年から始まった4Gの波に乗って、iPhoneはアップルを時価総額世界一の企業に押し上げた。

しかし、初代iPhoneの発売当初は、現在のような数十億ドル規模の巨大なエコシステムが出来上がるとはアップルも考えてはいなかった。iPhoneは単に「電話をかけられる音楽プレイヤーiPod」だったのだ。当時、携帯電話とiPodの両方を持ち歩いていた人が多かった。電話をかけられることがiPhoneの売りだった。２００７年のMacWorldでのスティーブ・ジョブズのプレゼンでも、ジョブズは「キラーアプリは電話をかけられること」と話している。

初代iPhoneの斬新さは、シンプルな美しい洗練されたデザインだった。iPhone以前のスマートフォンはキーボードがついていてスマートではないと切り捨て、より賢く、より使い勝手の良いデザインにしたところがアップルファンを熱狂させた。ただの「板」のタッチパネル上でスワイプ、タップ、ピンチで操作を行う仕組みが画期的だった。

ただ、初代iPhoneは２Gでインターネット接続がとても遅く、ほとんど使い物にならなかった。また、App Storeもなかった。そのため、iPhoneが世界を牛耳る端末になると考えていた人はほとんどいなかった。スティーブ・ジョブズでさえ、スマートフォン市場の１％を獲得したいと話していたくらいである。

App Storeが登場したのは、２００８年のiPhone 3Gのときだ。当時は５００個程度のアプリケーションしかなかったが、今は２００万を超えるアプリケーションがApp Storeにある。iPhoneというハードウェアとApp Storeという仕組みで、アップルは初めて時価総額が１兆ドルを超える企業となった。

App Store からアプリケーションをダウンロードしてインストールすれば、いくらでも機能を追加できる。これにより、SNSや配車サービスなど、さまざまな画期的サービスを第三者が生み出すようになった。

スマートフォン1つで道案内から買い物まで、さまざまなアプリケーションをどこでも手軽に使えるようになり、スマートフォンがインターネットとユーザーをつなぐ巨大なエコシステムの中心になった。

3・5Gと3・9G、そして4G

3Gの2000年代は、携帯電話市場が世界的にも急激に立ち上がり、研究開発投資が活発になされたことで、通信速度の高速化が継続的になされた。3Gの当初の開発目標だった2メガビット／秒という最大通信速度は2000年代早々にクリアされ、2000年代半ばには3Gの技術をベースに10〜20メガビット／秒まで高速化した3・5Gが登場した。NTTドコモのFOMAハイスピード、KDDIのWIN HIGH SPEED、ソフトバンクモバイルのハイスピードだ。

高速化はこれにとどまらず、将来の４G向けの新技術を先取りしたＬＴＥ(Long Term Evolution)と呼ばれる方式が開発された。３・５GまではＣＤＭＡ(Code Division Multiple Access：符号分割多重接続)と呼ばれる変調方式を使っていたが、ＬＴＥでは新たにＯＦＤＭ(Orthogonal Frequency Division Multiplexing：直交周波数分割多重)と呼ばれる変調方式が採用された。

将来の４GではＯＦＤＭが使われることが想定されていたことから、３Gを「長期的進化・発展」させてスムーズに４Gに橋渡しする中継ぎ的な役割としてＬＴＥと命名された。３Gと４Gの中間の技術であり、４Gの技術を先取りしていたことから、３・９Gと呼ばれたものである。

このＬＴＥを開発したのがＮＴＴドコモだ。無線通信の分野でＮＴＴドコモの存在感はとても大きく、無線技術の開発を世界的にリードしてきた。２００４年にSuper 3Gとして提案したコンセプトを下敷きにして、２００９年の標準化まで主導した。下り１００メガビット／秒、上り50メガビット／秒を実現するとともに、接続遅延・伝送遅延などの大幅な削減を実現している。２０１０年にＸｉ(クロッシィ)という名称でサービス提供した。

ＬＴＥが従来の移動通信規格と異なるのは、パケット(データ)通信に特化したことだ。そのため、ＬＴＥサービス開始当初は音声通話のときは3G、データ通信のときはＬＴＥと切り替えながら使っていた。後にＶｏＬＴＥ（Voice over LTE：ボルテと読む）という規格を導入し、音声もデータも統一的にパケットとして送るようになる。

４Ｇの技術を先取りしたことから３・９Ｇと呼ばれたＬＴＥだが、商用化サービスにおいては４Ｇという表現を含んだサービス名称が世界各国で使われ始めた。日本でも、ＫＤＤＩはau 4G LTE、ソフトバンクはSoftBank 4G LTEという名称でＬＴＥサービスを始めた。そのため、ＩＴＵが２０１２年に、３・９Ｇを使ったサービスの名称として「４Ｇ」の使用を認めるプレスリリースを発表した。これにより、３・９ＧだったＬＴＥが「４Ｇ」とほぼ同義の言葉として使われるようになった。

名実ともに「第４世代」となる規格は、ＬＴＥを機能拡張したLTE-Advancedだ。２０１１年に策定され、国内では２０１０年代半ばにサービスが始まった。スマートフォンの普及で、より旺盛になるデータ通信への需要と、増加し続ける回線数に対応するために、複数の周波数帯を使って通信する「キャリアアグリゲーション（ＣＡ）」をはじめとする複数の技術をＬＴＥに盛り込んでいる。

「長期的進化・発展」という名称どおり、ＬＴＥとLTE-Advancedは長期間にわたって機能拡張がなされ、今では下り１ギガビット／秒超、上り１００メガビット／秒超の通信を実現している。

４Ｇの技術的な定義とサービス名称としての使われ方には少々のずれがあるが、今では技術的にも３・９ＧのＬＴＥをも４Ｇと位置付けて使うことが多い。４Ｇの時代にスマートフォンが花開いたことからも、スマートフォンのための通信規格が４Ｇといっても過言ではない。

人々のコミュニケーションスタイルを変えた

２０１０年に、国内で初めてモバイル端末からのインターネット利用者数がパソコンからの接続者数を超えた。ソーシャルメディア、オンライン・ソーシャルゲーム、動画サイトなどの利用時間が急増し、スマートフォンからインターネット接続を当たり前のように行うようになったのが２０１０年代の４Ｇ時代の特徴だ。パソコンからインターネットに接続していた時代、ガラケーからインターネットに接続していた時代を思い出すことも難しくなってしまった。インターネットサイトの作成にあたっては、スマートフォン対応を考えることが必須になった。

インターネットをここまで身近にした要因の１つに、２０１１年の東日本大震災を契機に登場したコミュニケーションアプリ、ＬＩＮＥの存在があろう。それまでインターネットを日常的に使いこなしていなかった層にまで、オンラインでのコミュニケーションに参加する機会を拡大させた。

これは日本に限らない。ＬＩＮＥに類似のアプリとして、WhatsApp、Facebook Messenger、WeChatなどがある。メッセンジャーアプリ、チャットアプリと呼ばれるものだ。オンラインでのコミュニケーションが一般的になり、身近な人との日常のコミュニケーションが強化された。スマートフォンは人々のコミュニケーションスタイルを大きく変容させた。

東日本大震災直後の２０１１年6月にスタートしたＬＩＮＥは、サービス開始から半年でダウンロード数は１０００万を超え、２０１２年には20％、２０１５年には61％の利用率に達するという驚異的な速度で普及した。

これほど爆発的な広がりをもたらしたものは何だったのか。

競合他社に先駆けてスマートフォンに対応したこと、エモーション（感情）を伝える画期的な発明とされたスタンプ機能（ｉモードの絵文字が原点とも言われている）を取り入れたこと、競合のようなオープンではなく、「クローズド」にして周りが皆使っているから使わざるを得ないという環境を作ったことなどが、普及の要因とされているが、東日本大震災も１つのきっかけとなったと言われている。

ツイッターなどのＳＮＳの台頭によって、趣味嗜好を共有する見知らぬ仲間とネット上でつながる動きが広まり始めていた中で東日本大震災が発生した。震災後、被災者が支え合う姿、全国からのボランティアが支援する姿は絆やつながりの大切さ、家族やリアルな友人・知人の大切さを再認識させた。これが、万が一のときの安否確認となる、LINEの「既読」機能につながったと言われている。時に疎ましく感じる既読機能を、このような別の視点で見直してみるのも面白い。

スマートフォンはどこに向かうのか

4Gはスマートフォンの時代である。LINEなどのコミュニケーションアプリのみならず、配車サービス、シェアリングサービスなどさまざまなサービスが花開いた。米エアビーアンドビーが設立されたのは2008年、米ウーバー・テクノロジーズが設立されたのは2009年である。

現在、我々のスマートフォンのトップ画面上には数多くのアプリのアイコンが並んでいるが、使い勝手は10年前のスマートフォンと同じままだ。新しいアプリをダウンロードすると使い方を学ばないといけないし、アプリを使うときには膨大な数のアイコンの中から希望のアプリアイコンを探し出さなければいけない。便利にもなったが、煩わしくもなった。

おそらく、このような状況は長続きしないだろう。よりストレスフリーな仕組みが考え出されていくことになろう。

ＡＩアシスタント、パーソナルアシスタント、バーチャルアシスタント、音声アシスタント、スマートスピーカーなどと呼ばれているものは、煩わしさの解消を目指している。アマゾンのAlexa、アップルのSiri、グーグルのGoogle Assistant、ＬＩＮＥのLINE Clovaなどが代表的なものだ。いずれも、テキストや音声等の自然言語を理解し、人が置かれた状況や前後の文脈を把握した上で、希望のタスクを実行するソフトウェアだ。まだまだ機能的には不十分であるが、将来的には直感的な操作で我々の生活や仕事を支援してくれることになる。

アマゾンのAlexaが搭載されたスマートスピーカーAmazon Echoは、天気予報、音楽、カレンダー、百科事典サイト、配車サービス、空調制御機器、照明などと連携し、音声で多様なタスクを実行できるようになりつつある。

このように世界を考えると、スマートフォンも今の形状のままではなくなるかもしれない。

例えば、歩いているときは無線通信機能付きイヤホンだけで十分かもしれない。歩きながら質問すれば、道案内から時刻表検索まですべてしてくれる。画面が必要であれば、スマートウオッチを使えば良い。そして、家や職場などでは、近くにある画面やマイク／スピーカーを使えば良い。必要なのは、身近な機器を指揮者のように組み合わせ、我々の生活や仕事を支援してくれるソフトウェアだ。スマートフォンは、知らず知らずの間に、このようなソフトウェアへと進化していくかもしれない。

第４章　激化するデジタル覇権争いのゆくえ

市場に群がる多彩なプレイヤー

すでに述べたように、5Gで巨大な市場が勃興すると言われている。英調査会社IHSマークイットは、5Gが日本の国内総生産(GDP)を今後15年間で計55兆円押し上げると試算する。経済を飛躍的に成長させる力を秘めているからこそ、主導権争いは激しさを増している。

5G関連分野は、通信サービスを提供する「通信事業者」にとどまらない。基地局・通信設備、通信ソフトウェア、光ファイバー・光通信機器、ネットワークインテグレーション(ネットワークの設計、構築、保守、運用)、基地局工事などの「通信インフラ」、データを蓄積・分析する「プラットフォーム」、スマートフォン、AR/VR、自動運転、スマート工場、遠隔制御、5G監視などの「端末・サービス」、動画配信、クラウドゲーム、スマートスタジアム、モバイル広告などの「コンテンツ」、電子部品・センサー・半導体、半導体製造装置、通信計測機器などの「部品・装置」など、多岐にわたる。

これらのうち、通信インフラ分野の国内での規模は、移動通信事業者が2019年4月の電波割り当てに先立って総務省に提出した計画から把握できる。ドコモ、KDDI、ソフトバンク、楽天モバイルの設備投資額は、それぞれ約7950億円、4667億円、2061億円、1946億円である。大半は基地局の整備、工事、設置にかかる費用だ。国内の通信インフラ分野だけでも、これだけの金額が動く。

通信インフラの世代交代は、市場に群がるプレイヤーの顔ぶれを変えてきた。情報通信産業の市場構造は競争的でダイナミックであり、市場の動向に迅速に対応できなければ存立が危うくなる厳しい分野だ。技術面で圧倒的に優位にあった大企業の名前がすぐに消える世界である。それだからこそ、5Gに対して多彩なプレイヤーが正面から向き合っている。大きく産業構造が変わる可能性があるからだ。

5Gの「世界初」競争

2019年4月3日、米国のベライゾンと韓国の移動通信事業者のSKテレコム、KT、LGユープラスとが同時に世界初の称号を得るべく、5Gサービスを開始した。当初、韓国は4月5日、アメリカが4月11日にサービス開始とアナウンスしていたが、米ベライゾンが4月3日に前倒ししてサービスを開始するとの情報が伝わると、韓国の移動通信事業者も乗り遅れないよう4月3日の深夜にドタバタでサービスを開始した。その後、欧州や中国でも5Gのサービスが始まっている。

一方、日本は、2020年春までに商用サービスを開始するというスケジュールだ。そのため、日本は海外と比べて5Gの実用化が遅れているのではないかとの指摘を受けることが多い。しかし、開始時期は重要ではない。そもそも5Gは世界共通のシステムであるため、機材の調達などで差がつくことはない。機材を調達して設置してサービスを始めるだけで良ければ、日本の移動通信事業者にとってたやすい。

「出来栄え」がポイントだ。サービス開始時の質の違いに対する考え方が、サービス開始時期の違いにつながる。

「いつでもどこでもつながる」携帯電話は当たり前になっているが、ここまでの品質を実現するのに移動通信事業者は膨大なリソース（資源）を投入している。まず、基地局をどこに設置してどのようにエリアをカバーしていくのかの作業が必要だ。建物などの影響で電波の飛び方が異なるため、綿密に検証しながら基地局の設置場所を決めていく。それでも、電波が届かないエリアができてしまうので、その場合にはアンテナの角度などの微調整を行ったりもする。ビルが建って電波が遮られてしまえば電波が届かなくなってしまうため、電波が届いているか否かを常に測定車なども活用して監視し、必要であれば基地局を増設する。

5Gは今まで使ったことのない新しい周波数帯を使う。電波の飛び方が異なるため、4Gまでの知見をそのまま活用することができない。また、電波が飛ぶ距離が短いため、密に基地局を設置しなければいけない。地道に実証を重ねながら、電波の飛び方を理解し、基地局の場所の選定を行わなければいけない。

米国や韓国で5Gが開始されたものの、サービス品質は大きな課題となっている。5Gだけでは面的にエリアをカバーできないため、4Gと5Gを切り替えながら通信をすることになるが、この切り替えがうまくいかず通信が切れてしまう事象が多くみられている。

米プロアメリカンフットボールNFLの公式スポンサーである米ベライゾンは、NFLスタジアムで5Gサービスを大々的に広報しているが、「サービスは座席エリアの一部に限られている」「スタジアムとその周辺で5Gを使える場所がある」という注意書きが添えられている。

三者三様の5G

5Gのサービスを開始とうたっていても、三者三様で中身はさまざまである。固定向けのサービスであっても5Gであるし、5Gの本命であるミリ波を使っていないものも5Gである。

5Gの中には、4Gを少し拡張したというレベルのものもある。

米国で5Gとうたっているものの多くは、固定無線アクセスFWA(Fixed Wireless Access)だ。国土の広い米国は光ファイバーの敷設率が低く、高速通信サービスが提供されていないエリアも多い。このような高速通信インフラが展開されていない地域や建物の加入者に高速通信を提供するサービスがFWAであり、窓際に据え置き型のアンテナを固定設置し近隣の基地局と通信する。光ファイバーやケーブルテレビ回線といった固定引き込み回線の代替としての使い方である。

FWAの対象は静止している端末であるため、端末が移動することに伴う処理が不要となる。移動している端末に基地局からの電波を向ける処理(ビームステアリング)や、隣接する基地局に処理を移管して通信を継続するハンドオーバーといった処理が不要となり、基地局側の負担は大幅に軽減される。

一方、5Gの本命である高い周波数帯のミリ波(ハイバンド)を使った移動端末向けの5Gサービスも始まっているが、もっとも広く展開しているAT&Tワイヤレスでも20都市程度だ(2019年末)。しかも、サービスエリアは局所的である。ミリ波には多くの周波数を使うことができ高速・大容量の通信を実現できるという利点がある一方、電波を遠くに飛ばせないという欠点があるためだ。まだまだ消費者が5Gを実感するレベルには達していない。

米国と比して、韓国は予想を上回る速さで5Gの利用者を増やしている。2019年4月にサービスの商用開始をした後、同年末には人口の10％程度にまで5G利用者が伸びている。キラーサービスの不在や高額な端末が普及のハードルとして懸念されていたが、顧客獲得を目的としたマーケティング競争の熾烈化が5G利用者への移行を促している。

ただし、韓国の5Gが使っている周波数帯は3・5ギガヘルツのミッドバンドで、米AT&Tワイヤレスが使っているミリ波のハイバンドはまだ用いていない。2時間の映画をわずか3秒でダウンロードできるというたとえ話は、ミリ波を用いた場合である。3・5ギガヘルツのミッドバンドでは多くの周波数を使うことができないため、5Gの目標値には達することができない。韓国は、5Gの本命であるミリ波を使わず、使いやすいミッドバンドの3・5ギガヘルツを用いての5Gであり、4Gの延長と言っても良い。

3・5ギガヘルツはミリ波よりも電波は飛び、4Gで使っている周波数に近いためミリ波と比べると断然使いやすい周波数帯である。それでも、加入者が増えた現在においても、通信の不安定さや5Gの利用可能エリアの狭さなどの通信品質の問題が指摘されている。安定した通信品質を提供できるようになるまでには、まだ時間がかかる。

日本の立ち位置

日本が「世界初」にこだわらなかったのには、3Gのときの苦い思い出があるからだ。世界初にこだわり、どこよりも早くサービスを導入したものの、世界の先端を走りすぎて他の国々が追い付いてこなかった。開始時期にこだわって初期の機器を使うと不具合にも悩まされてしまう。そのため、5Gに対する日本のスタンスは、もちろん第一陣のグループにはいなければいけないが、必ずしも世界初にこだわる必要はない、というものだ。世界初よりも、品質の良いサービスを提供することに重きを置いているのが日本の移動通信事業者である。ミリ波という今まで経験のない新しい周波数帯を使うことになるため、しっかりと準備する時間が必要で、時間をかけて品質の良いネットワークをサービス開始時までに構築するという立ち位置だ。

日本の今の携帯電話の品質はきわめて高い。満員電車の山手線の車内でも通話がほとんど途切れないことや、渋谷のスクランブル交差点のように人が密集するエリアでも通信品質を維持できていることは、諸外国の通信事業者にとって驚くべきことになっている。

5Gにおいても、いかにより安定的なサービスを提供できるかが重要で、サービス開始時期が重要なのではない。日本でのサービス開始は遅れたが、ミリ波という扱いの難しい周波数であっても、日本ならではの安定した通信品質を提供する５Ｇが登場してくる。ミリ波を使った多くの具体的な実証実験は数年前から始めている。それも、建設機械、医療、工場など多くの産業分野で行っている。その上で、２０１９年９月頃からプレ商用サービスも開始している。５Ｇのイベントでも日本の先進性は際立っている。サービス開始が遅くなったからと言って、気にする必要はない。

その上、日本には米国などよりも格段に高い「光ファイバーの敷設率」という利点がある。５Ｇの高速・大容量の利点を活かすためには、５Ｇの基地局を光ファイバーで接続しなければいけない。光ファイバーが隅々にまで整備されているわが国は、全国的なサービス展開という観点からも高い優位性を有している。

寡占と競争――第４の事業者

第４の移動通信事業者として、楽天モバイルが新規参入する。競争政策の観点から「４」という数字は重要である。「３」社では寡占化が進んでしまい料金が高止まりしてしまう、「５」社では１事業者に割り当てる周波数帯が少なくなってしまうと考えられているからだ。

日本の移動通信事業者の歴史は寡占化の歴史だ、１９９０年代半ばには、ＰＨＳ事業者を含めると地域によっては7社以上もの事業者が、自社でインフラを構築してサービスを提供し、競争を繰り広げていた。しかし、携帯電話の普及率が高まり、市場が成熟していくと競争環境は大きく変化し、再編の波が次々と押し寄せ、2012年にはソフトバンクが「第4の事業者」であったイー・アクセスを買収し、現在の3社体制が固まった。

適正な競争環境を整備しようとしているのが総務省である。3社では寡占構造となっていると認識し、料金の高止まりを下げるべく、格安スマホのMVNO（Mobile Virtual Network Operator：仮想移動通信事業者）の参入を促してきた。MVNOとは、ネットワーク設備を有するMNO（Mobile Network Operator：移動通信事業者（NTTドコモ、KDDI、ソフトバンクモバイルなど））に接続料金を支払って借りたネットワーク回線でサービスを提供する事業者である。NTTドコモ、KDDI、ソフトバンクモバイル以外の事業者はすべてMVNOであり、基地局はNTTドコモ、KDDI、ソフトバンクモバイルのいずれかを使っている。

総務省はMVNOを推進し料金競争に火をつけることを目論んでいたものの、ネットワーク回線を借りてのサービスとなるため価格設定やサービス面において100％の自由度を発揮することができず、料金競争に結びつけることができなかった。そのため、4社目の楽天モバイルを軌道に乗せて大手3社の移動通信事業者に対応する勢力を生み出したい思惑がある。

「３」や「４」という数字は、世界の規制当局にとって重要な数字だ。特に、通信市場は規模の利益が働き、放置しておくと寡占化が進みやすく、競争当局と資本の論理とがぶつかり合う主戦場になっている。４社の市場が３社に集約されると携帯料金が最大16％上がるという調査結果もあり、規制当局にとって「４」は死守したい数字になっている。

米国でも司法省と連邦通信委員会（ＦＣＣ）が「４」が「３」に減るのを阻止してきた。２０１１年のＡＴ＆ＴワイヤレスによるＴモバイルＵＳの買収、２０１４年のスプリントによるＴモバイルＵＳの買収に立て続けに待ったをかけて「４」を死守してきた。

なお、２０１９年になって業界３位のＴモバイルＵＳと同４位のスプリントの合併を承認したが、プリペイド事業、周波数帯、一部店舗、基地局を、新規参入を目指す大手衛星ＴＶ事業者のディッシュ・ネットワークに譲り渡す優遇措置を講じ、「４」を維持しようとしている。

高品質で安い通信サービスを提供するためには、健全な競争環境は欠かせない。電子商取引などで堅固な事業基盤を持ち、ブランドも浸透している楽天モバイルに対する競争当局の期待は大きい。

基地局整備

携帯事業への参入障壁は巨大な設備投資だ。移動通信事業者の多大な設備投資の中心が基地局整備となる。楽天モバイルは、最先端の技術を活用することで設備投資額を抑えることを表明しているが、基地局設置は人手のかかるアナログな作業で巨額の費用がかかる。土木・建設の分野であり、ソフトウェアですべて勝負できるIT業界とは根本的に異なる世界だ。2019年10月1日にサービスを開始する予定だった楽天モバイルが事業開始を延期したのは、基地局整備の遅れも1つの要因だ。

国内で基地局建設の工事を手掛ける大手の通信建設業者は、コムシスホールディングス、協和エクシオ、ミライトホールディングスだ。3社単体の合計で7割超のシェアを占める。都心部では基地局はビルの屋上に置く場合が多い。地下街や高層ビル向けの基地局もある。5Gでは電波の飛ぶ距離が従来よりも短くなり、多くの設置場所を確保しなければならない。そのため、信号機に5G基地局を設置する検討や、電柱に共用基地局を設ける検討も始まっている。

当初の5Gは、4Gのネットワークと併存させるノンスタンドアロン(NSA)型で開始するため、NTTドコモ、KDDI、ソフトバンクモバイルの場合には4G基地局の設置場所に5

Gを増設するケースが多くなる。ゼロからの交渉ではないものの、既存の４Gのアンテナの部材に５Gのアンテナを取り付けられなければ、地権者や建物の所有者と交渉してスペースを借りて増やさなければいけない。５G基地局を増設することで建物にかかる負荷や消費電力も増えるため、構造計算や電源容量のチェックも必要となる。基地局を増設するのには膨大な手間と時間がかかるのだ。

新たに基地局を設置する場合には、ゼロから不動産所有者と交渉を始めないといけない。基地局設置に対して、住民に電磁波の悪影響が出るのではないかと懸念する不動産所有者もいる。電磁波による健康被害は国際的には認められてはいないものの、基地局設置場所の確保は難しくなっている。賃貸マンションの場合にはオーナーの承認で済むが、分譲マンションの場合には理事会の許諾が必要となる。既に、めぼしい箇所には基地局が設置されているため、新たに基地局設置場所を確保するのは想像以上に大変な作業だ。

基地局設置場所を確保したら、アンテナの取り付けや電源工事、通信網に接続する光ファイバーの敷設といった作業を行う。アンテナを設置する土台を作って、防水加工を施した穴を天井に空けて光ファイバーを通し、アンテナを設置するポールを搬入し、手作業でアンテナを設置するという作業だ。機材が大型の場合には、エレベーターで搬入できないため、ビル前の道路を一時通行止めにしてクレーン車などを利用して搬入することになる。人手のかかるアナログな作業だ。

設置した5Gアンテナは、光ファイバーで制御装置に接続される。この制御装置はNTT東西の局舎に設置されることが多い。NTT東西の局舎は、電源設備容量、耐震、停電時のバックアップ用電源の点で通信インフラ装置を設置するのに必要な機能を具備しており、安い値段で借りることができるためだ。NTT東西以外の事業者が必要とする装置をNTT東西の局舎に設置することを「コロケーション」という。NTTドコモであっても別事業者となるため、NTT東西にコロケーションを申請して設置場所を確保する。NTT東西は、他事業者に場所を公平に貸し出すことが義務付けられている。

あわせて、アンテナ設置場所とNTT東西の局舎との間を結ぶ光ファイバーもNTT東西から調達する。このため、5G基地局の整備にあたっては、NTT東西に申請して制御装置の設置場所と光ファイバーを調達しておかなければいけない。一般的には、3カ月から半年くらいかかると言われている。これらを経てようやく1つの基地局が稼働することになる。地道な作業の連続だ。

基地局に加えて災害対応も

移動通信事業者は、災害対応にも手厚い投資を続けている。災害時に携帯電話が使えなくなると、多大な影響が生じるためだ。

東日本大震災のときに、ＮＴＴドコモでは東北地方の４９００局がサービスを中断した。長時間停電によるバッテリーの枯渇、地震による光ファイバー伝送路断、損壊・水没など地震・津波による直接被害が理由だ。

東日本大震災などでの経験を踏まえ、移動通信事業者はさまざまな措置を講じている。電力の供給が途絶えると基地局や交換設備が機能しなくなるため、通信局舎に自家発電機を設置するとともに、基地局に24時間は稼働可能なバッテリーを増設し、送電線の切断や発電所の停止などの事態に備えている。

また、過去の大災害を参考に、予想される災害の種類、規模などから通信設備の二重化や分散配置、建物および鉄塔の耐震補強などを行い、通信設備の耐障害性を図っている。アンテナなど通信に必要な設備を搭載し、臨時に基地局を開設できる車載型基地局も複数保有し、必要なときに迅速に基地局を配備できる体制も整えている。無人航空機型基地局(ドローン基地局)や船舶型基地局も保有し、どのような状況であっても通信を継続できるような災害に強いネットワーク構築に努めている。

さらに、通常の基地局とは別に、大ゾーン基地局と呼ばれる基地局の設置も進めている。人口密集地や行政機関の集まるエリアに設置され、周辺の基地局がすべて稼働しなくなったときに稼働する「予備の予備の基地局」だ。半径7キロメートルという通常よりもはるかに広範囲なエリア(大ゾーン)をカバーする出力を有した基地局である。2018年の北海道胆振東部地震において停電の長期化が予想されたことから、釧路市内の一部エリアで大ゾーン基地局を初めて緊急運用した。

東日本大震災での教訓を踏まえて災害対策を平素から地道に行うことで、熊本地震や大阪北部地震などではサービスへの影響を極小化できている。平常時には陽が当たらない裏方の仕事ではあるが、移動通信事業者の災害対応部門の人々が日々奮闘しているおかげで、いざというときでも通信サービスの中断が最小限に抑えられている。

隠れた王者クアルコム

スマートフォン向け半導体の開発を主導している米クアルコムは、5Gの規格策定でも中心的な役割を果たしている。スマートフォン向け半導体とは、通信を担当する機能とパソコンの

ＣＰＵに相当する処理を担当する機能とをひとまとめにしたもので、チップセットとも呼ばれる。スマートフォンに内蔵されているチップセットの最大手がクアルコムで、特許ライセンスを絡めて有利な取引条件で顧客である端末ベンダーを囲い込み、市場の競争力を維持してきたユニークな企業だ。

クアルコムは、１９８５年にカリフォルニア州サンディエゴで設立された。社名はQuality Communicationsに由来している。１９９０年代半ばから使われるようになったＣＤＭＡ（符号分割多重接続）と呼ばれる変調方式の開発と標準化に成功したことがモバイル市場の覇者としての地位を築くきっかけとなった。

当初は、技術開発、半導体開発、基地局・携帯電話の生産・販売のすべてを自社で行う垂直統合型ビジネスであったが、技術は優れていたものの大手通信機器ベンダーの強力な営業力や製造不具合などで販売はふるわず、１９９９年にビジネスモデルを大きく転換させた。技術開発と半導体の事業のみに特化し、基地局部門をエリクソンに、携帯電話部門を京セラに売却した。売り上げ規模が３分の１くらいになる事業再構築を行い、技術開発と半導体に注力したのである。

知的財産のライセンスや半導体は提供するものの、最終製品は提供しないというビジネスモデルだ。このモデルは、パソコン用プロセッサ市場で勝ち続けてきたインテルのそれにきわめて似ている。携帯で使われる技術や部品の主要部分を握ることに特化するため、継続的に研究開発に投資し、売上高研究開発比率は20%を維持している。クアルコムの競争優位は、常に最先端の技術を提供することにある。無線通信技術が成熟してしまえば、あとから参入する企業でも同じものを作れるようになってしまうため、次から次へと技術開発が起こり続けるよう研究開発投資を行っているのがポイントだ。

クアルコムの最大の資産は特許である。送信電力制御に関するCDMAの基本特許を武器にエリクソンなどのグローバル企業に戦いを挑み、グローバル市場を席巻していくクアルコムの歴史は知的財産戦略という視点からきわめて興味深い。

1990年代後半の3Gの標準化において、創業十数年というベンチャー企業のクアルコムと通信機器大手の老舗エリクソンとの間で特許をめぐる対立が生じた。クアルコムが開発したCDMA2000と、エリクソン主導のW-CDMAとでの統一規格をめぐる対立である。双方一歩も譲らない対立の中でクアルコムが頼ったのが送信電力制御の基本特許だ。最終的には両社が双方の特許を認め、相互に利用を認めるクロスライセンス契約を締結することで決着した。

クアルコムの特許ライセンス

2005年、初代iPhoneの通信チップのサプライヤー候補としてクアルコムにアップルがコンタクトしたとき、クアルコムは「特許ライセンス契約を結ばないと通信チップの供給を考えない」と返事したとの逸話がある。

サプライヤーは新しい顧客(この場合はアップル)から声がかかったら飛びつくのが普通だ。特にアップルなどのように有名で大きな企業であればなおさらだ。しかし、クアルコムは違っていた。

クアルコムの基本方針は知的財産を核とした「ノーライセンス・ノーチップポリシー」だ。特許ライセンス契約を締結しない顧客にはチップセットを供給しない。ロイヤリティの料率は端末販売価格の5%程度であるといわれ、移動通信業界ではかなり高率である。クアルコムに有利なライセンス条項でチップセットを供給するとともに、競合のチップを採用した携帯電話機ベンダーに対しては高いロイヤリティの支払いを求めていたと言われている。

クアルコムはそれほど標準必須特許を有しているわけではない。その上、ロイヤリティの計算ベースは通信チップセットではなく端末全体の価格だ。端末は、通信だけの単機能ではなく、コンピュータ機能、動画再生・録画、写真撮影などの機能が端末コストの半分以上を占めているにもかかわらず、端末全体の価格に対してロイヤリティを計算する。

クアルコムがここまで強気でいられるのは、クアルコムのチップに競争優位性があるためだ。iPhoneの5G対応が遅れているのも、クアルコム以外からチップセットを調達しようとしたことにある。もともとiPhoneのチップセットはクアルコムが供給していたが、クアルコムの特許ロイヤリティ請求をアップルが拒否したために関係が悪化して訴訟合戦となり、iPhone XSではインテルのチップセットが使われていた。ただし、クアルコムのチップセットの方が受信感度や消費電力の点で優れているというのが業界内での評価だ。

5Gにおいてもアップルはインテルに5G用チップセットの開発を依頼したが、省電力性、通信安定性、耐久性などの厳しい要求に応えられず、アップルとクアルコムの和解発表と同時に、インテルは5Gへの開発投資を中止すると発表した。インテルでさえ満足な性能を持つ5G用チップセットを量産することはできなかった。

このようにクアルコムは、チップセットの競争優位性と見事な知的財産戦略で市場での支配的な地位を継続してきた。

しかし、クアルコムには逆風が待ち受けている。クアルコムの特許ライセンス慣行に一石を投じる判決が、米カリフォルニア州連邦地方裁判所で2019年5月に下されたためだ。特許ライセンスをテコとした強気な商慣行により競争が阻害されているとの米連邦取引委員会（FTC）の主張を認め、特許ライセンス慣行が半導体市場で独占禁止法に違反しているとの判決だ。今回の判決が確定すると、ロイヤリティが大幅に下がり、クアルコムの不動の地位が崩れる可能性がある。

このような状況ではあるものの、クアルコムは先に進み始めている。スマートフォン向け半導体のみならず、5Gを核とした横展開でパソコンや自動車向けの5G半導体の開発をも進め、いくつもの半導体市場の総取りを狙いにいっている。半導体ベンダーの競合関係を変える可能性を秘めている動きである。

クアルコムが今まで市場で支配的位置を継続してきた戦略から、我々が学べることは多い。

裾野分野での日本企業の存在感

通信機器市場やスマートフォン市場では、残念ながら日本企業は競争力を失ってしまった。通信機器市場の主役はエリクソン、ノキア、ファーウェイ、スマートフォン市場の主役はサムスン電子、ファーウェイ、アップルであり、日本企業の影は薄い。これに対して、5Gを支える部品や計測装置では日本企業の存在感は高い。

高い周波数帯のミリ波を使う5Gでは、現状の4G向けの部品では対応できず、基地局とスマートフォン端末のそれぞれに新たな部品需要が生まれる。今まで以上に通信部品が機器の性能に直結する世界で、日本企業の高い技術力が競争力につながる。

積層セラミックコンデンサ、LCフィルター、デュプレクサ、セラミック発振子、EMI除去フィルター、無線LANモジュール、ブルートゥースモジュール、インダクタ、電源用パワー半導体など、新たに5G向けに新規開発しなければいけない部品は多い。これらの高周波向けの電子部品は、日本企業の独壇場である。

例えば、特定の周波数の電波を選別する「LCフィルター」と呼ばれる部品では村田製作所が世界過半のシェアを確保している。高い周波数帯のミリ波では、現状のSAW(弾性表面波)フィルターでは機能が不十分で、セラミックを使ったLCフィルターが求められる。競合となる企業が少なく、設計技術を強みに攻勢をかけている。

スマートフォンなどを含む身近な電子機器に必ず使用されている積層セラミックコンデンサも、村田製作所、TDK、太陽誘電などが強い。iPhone のような高機能なスマートフォンには1000個ほどの積層セラミックコンデンサが搭載されている。5Gでミリ波対応が必要となることで、新たな競争優位性を確保できる。

電源用パワー半導体を手掛けるロームは、電力損失を半減させ面積も半分以下に抑えられるパワー半導体を開発している。

また、窒化ガリウム（ＧａＮ）デバイスでも住友電工などの日本企業が強い競争力を誇る。ＧａＮデバイスは高周波領域で大出力が得られ、かつ専有面積が従来のシリコンよりも小さいとの利点から、５Ｇでは基地局の小型化やコスト削減に必須の部品である。

５Ｇのニーズは部品ベンダーにとどまらない。裏方の化学ベンダーにも及ぶ。５Ｇでは今まで以上に高速なデータ処理がなされるため、発熱が大きな問題となる。化学ベンダーのトクヤマが開発した高純度窒化アルミニウム粉末は、優れた熱伝導性、高電気絶縁性、半導体に近い熱膨張性などの特性を有しており、取引先が樹脂に混ぜて薄いシートなどに加工する。市場シェアの８割程度を占めており、５Ｇでのさらなる市場拡大に向けて生産能力の増大に動いている。

通信計測機器も５Ｇでの新たな需要が期待されている分野だ。通信計測機器は、通信端末などが規格に沿って正しく通信データをやり取りしているかを検査する装置である。スマートフォン端末ベンダーなどが５Ｇに対応する製品を開発するにあたっては、５Ｇ対応通信計測機器が必須となるため、開発当初から通信計測機器ベンダーと密にコミュニケーションをとりながら信頼関係を構築している。そのため、通信計測機器市場への参入障壁はきわめて高く、通信計測機器市場はアンリツ、米キーサイト・テクノロジー、独ローデ・シュワルツの3社で占められている。数十社がしのぎを削るスマートフォン端末市場とは大きく異なる競争環境が通信計測機器分野だ。

新しいアンテナも登場しつつある。AGCとNTTドコモが開発に成功したガラスアンテナだ。透明なガラスアンテナを建物の窓の内側に設置する「窓の基地局化」で、景観を損なわずに基地局アンテナを設置できる。4G向けには2019年10月にサービスを開始している。5Gの周波数帯にも対応しており、数多くの基地局が必要となる5Gではエリア拡充に向けてガラスアンテナへの期待が高い。

以上のような5G市場の裾野の広さは、1800年代半ばのゴールドラッシュのときのジーンズを思い出させる。ゴールドラッシュのときに儲けたのは砂金を掘り当てた人ではないという有名な話だ。リーバイスの創始者、リーバイ・ストラウスは、労働者のズボンがすぐに擦り切れる様子をみて頑丈な分厚い生地で作った作業着のニーズに気づいた。金鉱で働く人の意見にも耳を傾け帆掛け船や荷馬車に使う幌の厚手の生地に目を付け、水に強くて痛みにくく、汚れも目立たない作業用のブルージーンズを商品化した。これが、リーバイス501だ。周辺領域にも目配りしておかなければいけないという教訓だ。5G市場の生態系は、今までの延長線上となるのか、それとも新たな生態系が生まれるのか、固定概念をなるべく取り払いながら柔軟に考えていかなければいけない。

米中5G戦争

経済と安全保障が別問題であった時代から、経済に安全保障が入り込んでくる時代に変わりつつある。「米中5G戦争」はその象徴とも言えるものだ。

米国は、2018年8月の国防権限法により、ファーウェイを含む中国企業5社を政府調達から排除すると決めた。ファーウェイの通信機器が情報漏洩につながるとの懸念を示し、安全保障上の問題があるというのが理由だ。

2019年5月には、米商務省がファーウェイを安全保障上懸念のある企業リスト「エンティティー・リスト」に加え、米国製品や技術を同社に対して提供する場合には当局の許可を必要とすることとした。米国産の半導体や各種工作機械・製造装置などの調達を難しくする事実上の禁輸措置である。また、トランプ大統領は、ファーウェイを念頭に安全保障上の脅威がある外国企業から米企業が通信機器を調達するのを禁じる大統領令にも署名した。

２０１９年11月には米連邦通信委員会（ＦＣＣ）が、米国内の通信会社に対して中国のファーウェイとＺＴＥの製品を使わないよう求める方針を正式決定する。新規購入を禁じるだけでなく、既設の製品の撤去・交換も求める。

ファーウェイに対する制裁措置を相次いで繰り出し、ファーウェイ包囲網を狭めている。

ファーウェイは通信機器ベンダーとして、スウェーデンのエリクソン、フィンランドのノキアと並ぶ主要プレイヤーだ。携帯電話基地局のシェアは世界1位、スマートフォン出荷台数は世界2位という巨人だ。５Ｇ基地局の価格はライバルのエリクソンやノキアなどより20〜30％安価といわれ、高性能で小型かつ軽量で高い競争力を有している。２０１９年９月の時点で既に５Ｇ基地局の出荷数が累計で20万件を超えたと発表している。スイスの通信大手サンライズはファーウェイの製品を全面的に使い、２０１９年４月に欧州でいち早く５Ｇサービスを始めている。

「５Ｇの競争に米国は勝たなければならない」。トランプ米大統領が力を込めた言葉は、取りも直さず米国の危機感を顕著に表している。５Ｇ分野でファーウェイは米国が恐れるほどの実力を備える。５Ｇ標準に関する世界の主要企業の特許件数もファーウェイが最多だ。米国は５Ｇ分野での躍進を食い止めようと必死になっている。国務省や国防総省を中心に、ファーウェイを使った5Gネットワークから情報漏れの危険があるとして、同盟国や友好国に中国製を採用しないよう求めている。5G網整備でファーウェイの製品などを導入すれば、同盟国であっても機密情報を共有しない厳しい姿勢もみせている。

デジタル覇権のせめぎ合い

米中5G戦争は経済と安全保障の2つが複雑に絡み合っている。

経済の視点からみると、日米半導体貿易摩擦や東芝ココム事件を彷彿とさせる。中国は米国に対して多額の貿易黒字を計上している一方で、米企業には中国国内への十分な市場アクセスを認めず、知的財産権の保護に関する問題も抱えている。不十分な知的財産権保護、国営企業の優遇、補助金供与による企業保護といった観点での「不公正」の程度は、1980年代の日米貿易摩擦と比べて今の中国の方がきわめて高い。急速に技術力を増す中国への警戒が背景にあるが、日米貿易摩擦と比べて米中貿易戦争がより複雑な様相を呈しているのは、安全保障が深く絡んでいるためだ。

安全保障の視点は、中国が米国から経済的・軍事的脅威国として認識されていることに起因する。経済的・軍事的脅威として認識されると、産業競争上の技術的優位が国家安全保障上の問題として強く意識されるようになってくるためだ。何もしないと通信インフラの根幹を中国に握られ、中国政府によるスパイ活動にファーウェイ製品が利用されてしまう可能性も否定できない。ファーウェイ製品のソフトウェアに盗聴などを可能にする秘密のバックドア(情報を不正に入手する裏口)を組み込まれてしまう可能性もあり得る。

5GはあらゆるモノがインターネットにつながるIoTやAIの高性能化などを支える通信インフラであるとともに、最先端の軍事技術や宇宙技術への応用に重要な役割を担う。

通信インフラは覇権国家と切り離すことができない関係にある。大英帝国が覇権を握った裏には世界に張り巡らせた電信ネットワークがあった。英国史家ダニエル・ヘッドリクは、電信ネットワークを「見えざる武器」「新帝国主義の不可欠の一部」と呼んだ。1800年代の後半、世界は大英帝国の電信ネットワークで覆われた。1850年には英国本国からオーストラリア南東部に情報が伝わるのに115日もかかっていたのが、1900年には18日にまで短くなった。世界は縮まり、世界の情報はロンドンに集約されることになった。世界の貿易決済はロンドンで行われるようになり、為替決済、海運業などの収入で大きな利益をあげた。世界の大半の電信線を保有していたことが大英帝国の統治を支えていた。

電信ネットワークの構築と維持・管理には膨大なコストがかかるが、膨大なコストをかけるだけの価値が電信ネットワークにはあった。電信ネットワークの価値を世の中に知らしめた一つが１８９８年の米国とスペインとの米西戦争だ。キューバやフィリピンにおいて、電信ネットワークの海底ケーブルを切断し、電報連絡を遮断したことが米国の勝利につながった。米西戦争は近代「情報戦」の始まりとも言われている。

デジタル・シルクロード

現在の海底ケーブルをめぐるせめぎ合いも、同じ様相を呈している。世界を行き交う通信データの99％は海底に敷かれた海底ケーブルを流れている。海底ケーブルは髪の毛ほどの太さの光ファイバーを束ねて金属や樹脂のカバーで保護し、海底に沈めるものだ。海外のインターネットサイトを日本から閲覧するときには、必ず海底ケーブルを経由して通信データをやり取りする。衛星も使われるが、光ファイバーの海底ケーブルに比べて圧倒的に容量が小さいため、衛星を介してデータをやり取りすることは少ない。

日本と米国の西海岸の間には、確認できるだけで十数本以上の海底ケーブルが敷設されており、８０００メートルという深い海溝にも海底ケーブルを這わせ、米国との間をつないでいる。地球上に張り巡らされた海底ケーブルの総延長は地球30周分、本数は４００本とも言われているが、公開されていない軍事用の秘密ケーブルも存在し、全貌は闇に包まれている。

この海底ケーブル市場で活発な動きを見せているのが、中国電信、中国聯合通信、中国移動通信の中国の通信大手3社だ。中国は、広域経済圏構想「一帯一路」の一環として「デジタル・シルクロード」の建設を目指しており、中東やアフリカなどでの海底ケーブル敷設にも力を入れている。そして、海底ケーブルを敷設しているのが、ファーウェイ・マリンだ。全世界の4分の1の海底ケーブルがファーウェイ・マリンによって敷設されたと言われている。なお、5Gも含めてセキュリティ上の疑念が高まりつつあることに応じ、ファーウェイは2019年6月にファーウェイ・マリンを手放すと発表している。

このような中国の動きに懸念を抱いているのが米国だ。ファーウェイのネットワーク管理ソフトや海底ケーブル陸揚局に細工を施すことで、中国が通信データを監視するデバイスを挿入したり、特定国への接続を遮断したりすることが可能になるためだ。海底ケーブルが世界の通信データのほとんどを運んでいることを踏まえれば、これらの海底ケーブルの保護が米国政府や同盟国にとって重要な優先事項であるというのが米国の考えだ。

海底ケーブルは、情報機関にとって格好の情報収集の的だ。米CIA（中央情報局）で米機密文書を盗み出したエドワード・スノーデンは、海底ケーブルが陸のケーブルと接続される地点で「アップ・ストリーム」と呼ばれる通信監視工作が米国政府によってなされていたことを暴露している。米国による監視が明るみになったブラジルは公然と米国を非難し、米国を通らない独自の海底ケーブルの敷設を始めている。

国家の存在を左右するような経済情報、軍事情報、金融情報が流れる通信ネットワークを支配した国が事実上、地球のデータ流通を牛耳ることになる。大英帝国の強さは、海底ケーブルに関連する先端技術や敷設する船を独占的に握っていたことにある。技術があるからこそ、海底ケーブルの大半を敷設、所有することができた。中国政府は、海底ケーブルを5Gと並ぶ重要な通信インフラとして位置づけ、「デジタル・シルクロード」を築き、サイバー空間で覇権を握ろうとしている。5Gをめぐるせめぎ合いも、深く安全保障に関わっている。

セキュリティとファーウェイ

米政府から狙い撃ちされているファーウェイは、顧客や事業を危険にさらす行為を中国政府から要請されたことはないし、要請されたとしても断固拒否すると一切の脅威を否定している。確かにファーウェイは民間企業であって、中国の国有企業ではない。

実のところ、ファーウェイは中国政府とは微妙な関係にある。中国には、ファーウェイのライバル企業のZTEがあるためだ。中国の企業だからといって、ファーウェイとZTEを一括りに考えることはできない。創業当初、中国政府の後ろ盾がある中で成長してきたZTEに対し、国の庇護を受けずに戦いを挑んできたのがファーウェイだ。ファーウェイの創業者は人民解放軍出身ではあるが、起業したのは人民解放軍をリストラされたことによる。出資比率は従業員98・7%、経営陣1・3%というユニークな形態の民間企業であり、もちろん国の出資は受けていない。ファーウェイとZTEは、水と油の関係であって、企業風土も異なる。

米政府はファーウェイの通信機器に安全保障上の懸念があるとして、同盟国などに5G通信網で採用しないように呼びかけているが、具体的な証拠を提示してはいない。疑念を払拭するために、ファーウェイは自社製品の詳細な技術情報を公開し各国の第三者機関に検証を依頼してきた。

例えば、英国では、重要インフラをファーウェイに任せて良いのかという議論に応える形で、ファーウェイサイバーセキュリティ検証センターを2010年に設置している。現在は、英国の情報機関の1つで通信傍受や暗号解読などを担う政府通信本部の傘下に設けられた国立サイバーセキュリティセンターを中心に検証を進めている。ファーウェイからソフトウェアのソースコードやハードウェアの提供を受け、悪意ある機能の有無などの検証を続け、2019年2

月に「リスクは抑えられる」「ネットワークインフラからファーウェイを排除すべき技術的根拠はない」が「同盟国との間の地政学的および倫理的な配慮を十分に行う必要がある」との見解を発表した。長期にわたる検証を踏まえての見解であるため、現時点でファーウェイの通信機器にセキュリティ上の脆弱性は存在しないと考えて良い。

そもそも、基地局は暗号化されたデータを有線側のコアネットワークに受け渡すだけの役割であり、ユーザーのデータや制御データなどを認識することは技術的に不可能だ。そして、有線側のコアネットワークの運用・管理は通信事業者が行っているため、通信事業者に気づかれずにファーウェイがバックドアを仕込み、盗聴することなどもきわめて難しい。

国家情報法

米政府、中国政府、ファーウェイ、ZTEなど、米中貿易摩擦や5Gをめぐり覇権争いを演じる各者の利害関係は複雑に絡み合っている。特にファーウェイは米政府と中国政府との板挟み状態にある。諸外国から寄せられるセキュリティ上の疑念の観点から中国政府とは距離を置きたいものの、米政府の制裁措置を踏まえると中国政府から遠ざかることができない。

ファーウェイは170カ国以上で事業を展開しており、中国政府の後ろ盾がなくても技術とコストの優位性で事業を進めることができる。5Gでのファーウェイ排除を米政府は要請しているものの、多くの国が判断を保留しているのは、高性能の5Gインフラを低コストかつ迅速に構築するためにファーウェイが必要であるためだ。

売り上げの過半を海外で稼いでいるファーウェイにとって、中国政府からの支援は逆効果になり得る。英国やドイツもこの点は理解しており、ファーウェイが自ら進んで中国政府に協力することは考えにくいとしている。

問題の本質はファーウェイではなく、中国政府の「国家情報法」だ。中国政府は2017年に「国家情報法」を施行し、中国籍の組織や個人に情報活動への協力を義務付けた。中国政府の命令があれば、在外中国人・企業はスパイ行為を拒めないとも読み取れる国家主義的な法律だ。

例えば、米国企業で勤めている中国人エンジニアが、中国の情報機関からスパイ行為を働くよう指示されれば拒めないかもしれない。中国は既に成人した中国国民などを、国家の有事の際に動員できるようにする「国防動員法」を施行しているが、今回の国家情報法はそれのインテリジェンス版ともいえる。

中国外交部は、このような懸念を法律の誤った一面的な解釈であると主張している。国家情報法の第7条では「いかなる組織や公民も国家の情報活動を支持、協力し、知り得た秘密を厳守しなければならない」と記されているが、続く第8条において「国家の情報活動は法に基づいて行われ、人権を尊重、保障し、個人や組織の合法的な利益を守らなければならない」とあり、政府から企業や個人に情報収集を強制するには法律に従わなければいけないとしている。

しかし、民主主義国家では、情報機関に国民が協力するか否かは個人の自由意思に委ねられている。そのため、第8条のあるなしにかかわらず第7条があることで、国家情報法は異質な法体系とみなされる。ファーウェイは、もしも政府から強要が行われたとしても断固として拒否するとの声明を出しているが、不信の根底にはファーウェイがこの異質の法体系に縛られざるを得ない点にある。

そのため、英国やドイツなどは、ファーウェイ製品を導入したときの影響を明らかにすべく、国家情報法の発動によりファーウェイが中国政府への情報提供を余儀なくされた場合に、自国の重要情報が中国に提供する情報に含まれないようにするにはどうすれば良いかの調査を始めている。

国家情報法は、わが国の輸出管理のあり方にも影響を与える。これまで輸出企業が輸出管理を行うにあたっては、軍事用途でないことを確認するための最終用途の誓約書を中国企業から得ることが多かった。しかし、国家情報法のもとでは、これも気休めにすぎなくなる。軍事転用の可能性に着目した国際的な輸出管理の枠組みが時代遅れになりつつある。中国を念頭においた新たな国際輸出管理体制が求められ、日本企業の活動にも多大な影響を与えることになる。

制裁措置の影響

安全保障が絡む問題だけに正確な事実を把握することは不可能に近いが、1つだけはっきりしていることは、米国の制裁がありながらもファーウェイは成長し続けていることだ。米国の禁輸措置による影響が懸念された2019年上半期でも増収、増益の業績をあげている。

ファーウェイは制裁によってクアルコムやインテルといった米国企業からの輸入を事実上封じられた。大きな影響を受けるのが、スマートフォン用の通信チップセットとグーグルのサービスだ。クアルコム製の通信チップセットや、Gメールやグーグルマップなどのグーグルのサービスを調達できないことは死活問題になると考えられていた。実際、ZTEは、2018年4月に禁輸措置を食らって工場の操業を停止せざるを得ない窮地に陥った。

しかし、米国抜きでも顧客への製品供給には問題なかったのがファーウェイだ。半導体チップなどを次々と内製化しているためだ。半導体開発子会社のハイシリコンにおいて、スマートフォン、AI、サーバーといった分野でそれぞれ業界最高水準の独自半導体チップを既に開発している。ファーウェイの技術力は、世界でも頭一つ抜けたレベルにあるというのが衆目の一致するところで、米国抜きでも高性能の通信機器やスマートフォン端末を出荷することができる。

これに対して、グーグルのサービスが利用できないことは、ファーウェイのスマートフォン事業にとって影響が大きい。中国国内ではもともとグーグルのサービスの利用が禁止されているため中国国内での影響はないが、海外ではＧメール、グーグルマップ、ユーチューブなどが必須サービスになっているためだ。メール、地図、ゲーム、音楽、映像、電子書籍などのアプリストア(Google Play)が搭載されていないファーウェイのスマートフォン端末の販路を海外で切り開くことは難しい。そのため、ファーウェイの端末事業は正念場に立たされるとみられていたが、地元中国での販売はかつてないほど好調だ。

中国を代表する企業のファーウェイに米国が制裁を科すことが中国人の愛国心に火をつけたことが大きい。制裁を科すほど、ファーウェイは中国国内で支持を集め、制裁後の出荷台数シェアは独走状態になっている。米政府の禁輸措置の被害を受けているのはファーウェイの競合大手各社で、ほぼ総崩れの惨憺たる状況になっている。

ファーウェイの発展史

ファーウェイは、中国企業の成長に関する通説とは異なる独特の企業だ。中国企業の成長に関する一般的な見方は、基幹部品を先進国企業から購入して、人件費の安さを最大限利用して低いコストで生産し、中国の巨大な市場で大量販売することで競争優位を確立するというものだろう。このような中国企業成長論ではファーウェイの目覚ましい成長を説明できない。

ファーウェイは、インターネットや携帯電話の登場で産業構造の劇的な変化が生じ多くの企業が市場から退出していく中、世界有数の企業にまで上り詰めた稀有な存在である。

ファーウェイは、1987年に任正非(レンジェンフェイ)を中心に6人の出資者で従業員14名の民間企業として深圳市で設立された。創業当初は、香港の電話交換機ベンダーの輸入代理店であったが、1989年に構内用交換機を自ら製造し始めた。部品を調達して組み立てて販売する事業だ。

この後、重要な決断がなされる。構内用交換機の販売で得た利益の大半を研究開発に回し、局用デジタル交換機を自主開発するという決断だ。開発に失敗すれば会社が消滅するという不退転の決断であったが、部品の内製化を進め、1993年に局用デジタル交換機の自主開発に成功する。局用デジタル交換機は技術的に難易度が高いハイテク製品で、開発に成功できる企業はかなり限られる。スマイルカーブ(上流(企画・開発、部品製造)と下流(販売、保守)の利益率が高く、中間（組み立て）の利益率が低い収益構造）の高付加価値部分を担うことができるようになり、低価格戦略であっても高い利益率を確保できるようになった。ファーウェイの通信機器ベンダーとしての原点はここにある。

この時期、インターネットが普及し始め、市場構造の激変が起こり始める。電話からインターネットへの移行が進むと、デジタル交換機の市場が消滅する。電話網を支えるデジタル交換機に対応するのが、インターネット網を支えるルーターであり、ルーターへの事業転換を図っていかなければいけない。デジタル交換機からルーターへの転換は、ハーバード・ビジネススクールのクレイトン・クリステンセンが提唱した「イノベーションのジレンマ」が当てはまる事業領域で、転換に成功するのは容易ではない。実際、米ルーセント・テクノロジーズや仏アルカテルといったデジタル交換機の伝統的巨大企業は、この事業転換に遅れ、衰退していった。経営者に先見の明があったこと、企業としての歴史が浅いため組織に柔軟性があったことが、ファーウェイの見事な事業転換につながった。

ファーウェイはルーター市場でも着実に市場を確立していったが、ルーター市場の巨人である米シスコ・システムズに比べれば圧倒的に弱い追随者の立場であった。２００３年にシスコがファーウェイに対して起こした知的財産侵害訴訟が当時のファーウェイの立ち位置を物語る。

ファーウェイのルーターのソースコードにシスコのソースコードと同じバグ(誤り)があり、広範囲に知的財産の侵害が行われているとして訴えたものだ。この時期のファーウェイは、先進企業の技術レベルにはまだ達していなかったが、低価格を武器に世界で大きく成長し始めており、シスコにとって脅威を感じ始めていた時期となる。

同じ時期、ファーウェイの飛躍につながる大きな痛みを伴う組織変革が実施された。一貫して研究開発に力を注ぎ続けてきたのがファーウェイの特徴だが、研究開発部門の権限を弱める組織変革がなされたのだ。研究開発部門は創業以来の花形部門であったが、影響力が強くなりすぎたためである。市場に近い戦略・マーケティング部門を創設して強い権限を与え、独立色の強かった研究開発部門に対して市場の動向を意識させるようにした。「プロダクトアウト」(作り手優先)から「マーケットイン」(市場重視)に変え、市場で最も受け入れられる製品を顧客に届けることを主眼としたものだ。研究開発、製造、販売の一体化を図るとともに、幅広い部門を経験させる人事制度を導入した。

このような組織変革は、トヨタ自動車の主査制度とも類似性がある。トヨタの主査(今は、「チーフエンジニア」と名称が変更されている)は、担当車種に関する企画(商品計画、製品企画、販売企画、利益計画など)、開発(工業意匠、設計、試作、評価など)、生産・販売(設備投資、生産管理、販売促進）すべての責任を持つポジションである。

技術に強い企業の研究開発部門はどうしても市場動向から離れてしまいがちだ。技術と市場という２つのバランスを上手にとりながら新たな価値を創出し競争優位を実現していかなければならない。ファーウェイの経験は参考になる。

研究開発と顧客中心主義

ファーウェイは、これまでも会社の存続に関わる試練をたびたび経験してきたが、その都度、研究開発に並々ならぬ資金と人をつぎ込むことで難局を乗り切ってきた。研究開発費として、毎年売り上げの10％以上を、２０１８年も売り上げの14％を投じ、全従業員の45％にあたる８万人が研究開発に従事している。

研究開発にかける情熱はものすごい。２０１８年の研究開発費は１４７億ドルだ。日本のトップ企業のトヨタ自動車の１００億ドルの１・５倍である。アップルと比較してもファーウェイの研究開発費は多額である。売上高はアップルの４割、営業利益はアップルの２割弱であるにもかかわらず、研究開発費はアップルの１１６億ドルを上回っている。

技術を経営の中核に据えていることは、創業者の任正非の「未来を創るのは技術であって不動産や株式ではない。そのため、深圳での不動産バブルと株式バブルに巻き込まれることなく、終始技術を磨いてきた」という言葉にも的確に表れている。

ファーウェイが支配的地位を築けたのには、技術力に加え、顧客や市場を重視していたことも大きい。顧客がいれば、欧米の企業が避ける地域にも進出していく。アフリカの政情不安な国や、感染症が蔓延している地域、あるいは南米の山腹にまで基地局を設置しに行く。

創業者の任正非の実像は今までほとんど知られていなかったが、米国からの制裁を受けたことで、ファーウェイは『任正非との対話』という書籍(非売品)を出し始めている。このような書籍には創業者の顔写真が掲載されるのが普通だが、ここに任正非の顔写真はない。第1巻に掲載されているのは、過酷な現場で通信インフラの構築をしているエンジニアの写真だ。写真には、「過酷な実地調査(ボルネオ島)」「熱帯雨林に通信を(コロンビア)」「標高6500メートルでの約束(エベレスト)」「吹雪が吹き荒むクリスマスの夜のネットワーク作業(アルプス山脈)」というタイトルがつけられている。顧客や市場という概念が現場のエンジニアにまで根付いている。

日本を訪れたときの任正非のレポートが、2001年の社内報にある。「北国の春」というタイトルがついたレポートでは、「北国の春」の歌詞にみられる日本人の勤勉さと、バブル崩壊後の冬の時代を乗り越えようとしている日本企業の不屈の精神を称え、日本企業のように九死に一生を得てもまだきちんと生き延びていくことができることこそが本当の成功だと述べている。そして、ファーウェイは成功しているのではなく、ただ成長しているだけで、苦しい冬の時期は必ずやってくると社員に対して警鐘を鳴らしている。

業界再編の嵐

ファーウェイが世界有数の企業にまで成長する30年間の情報通信分野の構造変化はきわめて大きかった。１９８０年代の通信自由化や、インターネット、モバイル、クラウドの普及によって、情報通信分野の産業構造はまったく異なるものになり、多くの企業が業界再編の波に飲み込まれた。

トランジスタを発明し、７つのノーベル賞を獲得した世界の頭脳としての研究所であった米ベル研究所を源流に有するルーセント・テクノロジーズは、米全土の電話事業を独占的に行っていたＡＴ＆Ｔの分割によって設立された。しかし、インターネットによる産業構造変化にうまく乗ることができず、発電からコンピュータまでを事業領域に含むフランスの巨大企業アルカテルと２００６年に合併し、アルカテル・ルーセントとなった。１３０カ国以上で事業を展開したグローバル企業アルカテル・ルーセントであってもインターネットやモバイルの激流の中で競争力を確立することができず、最終的にはフィンランドのノキアに２０１６年に買収される。

買収した側のノキアも、栄枯盛衰が激しい企業だ。２０１１年までノキアの携帯電話端末シェアは1位を維持し続けており、「北欧の巨人」「フィンランドの奇跡」などと呼ばれていた企業だ。しかし、栄華を誇っていた携帯電話事業は、スマートフォンの波に乗ることができず、時価総額の9割近くを失ってしまう。壊滅に近い状態に陥ったノキアが選んだのが本業とも言える携帯電話事業の切り捨てだ。携帯電話端末ではなく携帯電話の基地局などの通信インフラに注力し、ドイツのシーメンスまでをも傘下に収め、華麗な事業転換を図り奇跡の大復活を遂げる。

日本の通信機器ベンダーや携帯電話端末ベンダーはこの20年で業界競争から取り残されてしまった。２０００年頃まではアジアの通信機器市場で存在感のあったＮＥＣや富士通のシェアは今や両社あわせても数パーセントになってしまい、単独での生き残りが厳しい。かつての花形だった通信機器部門は今や周辺事業になり、ＮＥＣはサムスン電子と、富士通はエリクソンと提携して生き残りを図る。

携帯電話端末ベンダーも、2000年代初めには10社以上が存在したが、多くが姿を消し、残るはソニーモバイルコミュニケーションズ、シャープ、京セラの3社だけとなってしまう。

日本の市場には、国際競争力を高めることができる条件が揃っている。国内市場に多くの競合ベンダーが存在し、激しい競争に晒されている。素晴らしい部品ベンダーも国内に多数存在し、産業のイノベーションを支えている。その上、顧客の要求が世界で最も厳しい。経営学的には、これらの条件が揃えば強い国際競争力につながるとされている。

にもかかわらず、日本の通信機器・通信端末ベンダーの影は薄くなってしまった。「総合電機の垂直統合からマイクロソフトやインテルの水平分業を経て、アップルなどの疑似垂直統合へと、業界構造が変わる変化に追従する迅速な経営判断ができなかった」「日本の国内市場の規模がそれなりに大きいため、ローリスク・ローリターンな国内事業に安住し、海外市場で大きなリスクを背負うことができなかった」などの要因を挙げることもできるが、これらに加え、日本独特の構図がある。電電ファミリーの流れをくむ通信事業者主導の垂直統合的な体制だ。

垂直統合的な産業構造

通信自由化以前、電話機をはじめとする通信機器を日本電信電話公社（電電公社）に納める企業群を、電電ファミリーと呼んでいた。電電公社が電電ファミリーと一緒に仕様を決め、電電ファミリーが機器を製造するという関係だ。電電ファミリーの「御三家」はＮＥＣ、富士通、そして沖電気工業だ。また、研究開発は電電公社傘下の電気通信研究所にて行われ、わが国の情報通信分野の研究を牽引していた。当時は、このように通信事業者主導で開発を行う体制が、日本に限らず、どの国でも当たり前だった。

通信の自由化で、米国のＡＴ＆Ｔや日本の電電公社など各国の独占的通信事業者による安定した体制が崩れ、これらの通信事業者に依存してきた伝統的な通信機器ベンダーを荒波が襲うことになる。電電ファミリーも脱ＮＴＴ依存が必須の経営課題になった。

その上、インターネットや携帯電話という大波の到来によって、通信分野の市場・製品・技術は抜本的に変わることになる。電電ファミリーが長年かけて開発してきた交換機は不要なものになってしまい、シスコやファーウェイなどといった新興企業がこの新しい市場に挑戦し、成果を上げていった。一方、電電ファミリー、ルーセント、アルカテルなどの伝統的通信機器ベンダーは事業転換に遅れをとり、影は徐々に薄くなった。

このような状況になっても、ＮＴＴは電電ファミリーにとって、言われたとおりに製品を作れば買い上げてくれるローリスク・ローリターンな顧客であり続けたため、通信事業者が通信機器ベンダーを抱える垂直統合的な産業構造が温存されることになった。

温存された垂直統合的な産業構造が効果を発揮したのがｉモードだった。ｉモードの成功の要因は、通信事業者、コンテンツ提供会社、端末ベンダーなど１００社にも上るステークホルダーがウィンウィンとなる生態系を築いたことが挙げられる。垂直統合的な産業構造があったおかげで、このような生態系を作り上げることができ、世界が真似できないプラットフォームビジネスを構築できた。端末の能力の通信回線の速度が限定されていた当時は、通信事業者がリスクをとって多大な投資をしなければ、ｉモードのようなプラットフォームビジネスを始めることができず、通信事業者主導の垂直統合的な構造がプラスに働いた。

そして、ｉモードが携帯電話の高付加価値化の先鞭をつけ、日本の移動通信産業は垂直統合のメリットを生かしながら独特の携帯文化を育んでいくことになる。しかし、海外の通信事業者の垂直統合は日本ほど強くなかったため、一歩も二歩も進んでいた日本に追いつくことができなかった。日本市場と世界市場との間の溝が深くなっていく。

日本企業の命運

海外の通信機器ベンダーや携帯端末ベンダーは、日本企業のローリスク・ローリターンに対して、ハイリスク・ハイリターンの環境下で事業を成長させなければいけなかった。その上、機器のコモディティ化やモジュール化が進みつつあった。

そのため、通信機器ベンダーは、従来通信事業者が行っていたネットワークの運用・保守を一括して請け負うサービスにまで手を広げていくことになる。マネージドサービスやターンキーソリューションなどと呼ばれるものだ。通信事業者は顧客への通信サービスの開発・販売・顧客管理などに特化できるため、新興の通信事業者などにとっては好都合なサービスだ。

一方、携帯端末ベンダーは、コモディティ化やモジュール化の流れの中で、市場ターゲット、価格、粗利益率、ブランドイメージなどをデータに基づき、トップダウンで投資判断を迅速に行って生き残りをかけることになる。優れたマーケティング力で競争優位を確立したのがサムスン電子であり、低価格化で競争優位を確立したのがファーウェイだ。グローバル市場に目を向けないと規模の経済で負けてしまうため、全世界でのプロモーション・流通からアフターサービスまですべてに責任を負う体制を構築しなければいけない。

このような海外の通信機器ベンダーや携帯端末ベンダーに対して、通信事業者の主導権が相対的に強かった日本では、不確実性の高い市場と直接対話しながら絶え間なく挑戦し続け、世界市場を自ら創出して掌握するような通信機器ベンダーや携帯端末ベンダーは残念ながら生まれなかった。

通信機器ベンダーの先進企業だったＮＥＣと富士通は、今やＮＴＴドコモへの納入にとどまる。２０１８年の両社あわせての世界シェアは２％にも満たず、５ＧでもＮＴＴドコモ頼みが続く。

企業の栄枯盛衰は世の常だ。かつて天下が永遠に続くように見えたマイクロソフトにも往時の面影はない。パソコンを牽引したＩＢＭも２００４年に中国のレノボにＰＣ事業を売却している。トム・ピーターズとロバート・ウォーターマンの『エクセレント・カンパニー』に出てきた超優良企業でも衰退した企業が少なくない。

企業経営の世界は勝てば官軍だ。企業が勝ち残った理由を後付けでいろいろと説明することはできる。しかし、マネジメントに唯一最善の解はない。それぞれの企業の置かれている状況が異なるため、さまざまな成功モデルが存在するためだ。企業は自らの置かれた経営環境を認識した上で、状況に適した戦略を立てなければいけない。海外に進出するのも、国内に留まるのも、どちらも正解になり得る。

情報通信産業の大きな特徴は、市場の不確実性がきわめて高いことにある。不確実性を克服して成功に導くためには、市場で数多くの試行錯誤を行うことしかない。そのことに日本の通信機器ベンダーや通信端末ベンダーももちろん、気づいている。強い危機感を原動力として、市場との直接の対話を介しながらの挑戦につなげようとしている。

ＮＴＴグループも同様だ。研究開発能力が高いがために、垂直統合的な産業構造でもって日本仕様に陥るなどと言われてしまうこともあったが、優れた企業であればこのような苦難を一度は経てきている。要は、こうした経験をいかに学習して生かすかである。

ＮＴＴの優れた研究開発能力を事業に活かす道は必ずあるはずだ。ＮＴＴの強みは、当たり前といえば当たり前のことだが、通信インフラのことを誰よりも深く理解できていることにある。海外の通信事業者の中には、ベンダーのセールストークにうんざりしている事業者も多い。また、単独のベンダーに丸投げすることも避けたい。ここに、実績と信頼感に裏付けされたＮＴＴが訴求できる価値がある。通信機器を導入する顧客の目線でもって複数のベンダーをとりまとめ、海外の通信事業者、ベンダー、ＮＴＴの三方よしの世界を実現する。このような世界の構築につなげるには、日本の通信機器ベンダーも、ＮＴＴを生態系の1つのピースとして捉え、うまく使い倒すという姿勢が肝要だ。垂直統合的な産業構造ではなく、お互いが対等な水平分業でもってすべてのステークホルダーの価値を最大化する世界だ。

第５章　5G を支えるテクノロジー

電波——共有の財産

電波は見えないため、無尽蔵にあると思いがちだが、土地と同じで地球上の有限な資源だ。皆が自分勝手に電波を使い始めてしまうと、お互いが混信してしまい、正しく通信することができなくなる。そのため、相互に混信妨害を生じさせずに稀少な電波資源を有効に活用するための約束事が、古くから国際的な条約と国内の法規として制定されている。

上位の国際的な条約は国際電気通信連合憲章(ＩＴＵ憲章)と国際電気通信連合条約(ＩＴＵ条約)で、下位の国内の法規は電波法だ。電波を用いるすべての設備には電波法が適用される。通信を行う端末のみならず、電子レンジなど電波を使う装置はすべて、混信妨害の観点から電波法の適用範囲となる。電波法の第一条(目的)には、「電波の公平且つ能率的な利用を確保することによつて、公共の福祉を増進することを目的とする」とある。有限な資源である電波が公平かつ有効に活用されるように管理しているのが総務省だ。

２０１１年にアナログテレビをデジタルテレビに完全移行させる「地デジ化」がなされたが、

これも稀少な電波資源を有効に活用するための施策である。アナログテレビは70年以上も前の古い技術であり、電波の使い方に無駄が多かったためである。駅前の一等地が古くなってしまったため、再開発しようというものだ。

電波法の基本原則は、電波を使用するために「定められた規格の機器を使用する」「無線局の免許を受ける」「資格を持った人(無線従事者)が操作する」ことである。テレビ・ラジオの映像・音声への妨害、携帯電話端末への通話の阻害、医療機器への悪影響、警察などで使用する重要な無線通信の阻害など、他の電子機器への悪影響を防ぐためにある。

スマートフォンの場合には、「スマートフォンが電波法令に定めている技術基準に適合している(技術基準適合証明)」「移動通信事業者が一括して免許を受けている」「スマートフォンは基地局の制御のもとに電波を送信しているため、移動通信事業者が資格(無線従事者)を有している」ことで、電波法を遵守している。

移動通信事業者が販売しているスマートフォンはすべて技術基準適合証明を受けており、技適マークといわれるものが必ず付いている。技適マークは機種や端末によって異なるが、内蔵バッテリーがあるものは内蔵バッテリーを取り外したところに印刷されており、内蔵バッテリーがないものは設定アプリから技適マークを確認できる。技適マークがついていない端末を使って電波を送信すると電波法違反になる。

電波の性質

電波とは電磁波の1つで、空間を伝わる電気エネルギーの波である。電波法により3テラヘルツ(THz)以下の電磁波と定義されている。テラは10の12乗を、ヘルツは周波数(1秒間に繰り返される波の数)の単位を表すため、3テラヘルツは1秒間の振動数が3兆回の波となる。ちなみに、3テラヘルツを超える電磁波が「光」で、「遠赤外線」「赤外線」「可視光」「紫外線」「X線」「ガンマ線」などの名前が付けられている。

電波はいたるところで使われている。携帯電話、無線LAN、地上デジタル放送、衛星放送をはじめとして、リモコン、ワイヤレスマイク、GPS、レーダー、天体観測、医療用MRI、航空機向け計器着陸装置など、電波を使用する装置には、それぞれ周波数帯が割り当てられている。表5-1に、電波の周波数帯と波長、名称、用途を示す。

周波数帯によって、「扱える情報量」「直進性」「伝搬距離」の3つの特性が異なる。高い周波数であればあるほど、周波数帯域を多く確保することができるため伝送できる情報量も大きくなる。しかし、光の性質に近づくため直進性が増し、障害物を回り込みにくくなるとともに、

表 5-1　電波と周波数帯

扱える情報量：多い ― 少ない
直進性：強い ― 弱い
伝搬距離：短い ― 長い

周波数	波長	名称	用途
3 THz–	0.1 mm–	光波	光空間通信システム
300 GHz–3 THz	1 mm–0.1 mm	サブミリ波	レーザー通信, リモートセンシング
30 GHz–300 GHz	1 cm–1 mm	ミリ波(EHF)	各種レーダー, 電波天文, 衛星通信
3 GHz–30 GHz	10 cm–1 cm	マイクロ波(SHF)	固定無線, 各種レーダー, 衛星通信・放送
300 MHz–3 GHz	1 m–10 cm	極超短波(UHF)	携帯電話, PHS, タクシー無線, コードレス電話 TV, 航空用レーダー, 航空方位情報
30 MHz–300 MHz	10 m–1 m	超短波(VHF)	TV, FM, 警察無線, 消防無線, 無線呼出, 航空管制通信, コミュニティ放送
3 MHz–30 MHz	100 m–10 m	短波(HF)	短波放送, 国際放送, 航空移動無線
300 kHz–3 MHz	1 km–100 m	中波(MF)	船舶通信, AM, ロラン, 海上保安
30 kHz–300 kHz	10 km–1 km	長波(LF)	デッカ, 船舶・航空機用ビーコン
3 kHz–30 kHz	100 km–10 km	超長波(VLF)	オメガ

電波も減衰しやすくなるため遠くまで電波が届かない。一方で低い周波数であればあるほど電波は回り込みやすくなり、電波も遠くまで届くが、伝送できる情報量は小さくなる。

4Gまでの携帯電話では、主な周波数帯として800メガヘルツ帯(メガは10の6乗)と2ギガヘルツ帯(ギガは10の9乗)を使っていたが、この2つの周波数帯でも「直進性」「扱える情報量」「伝搬距離」の3つが異なる。800メガヘルツ帯は、直進性が弱く、ビルや建物の中にまで回り込んで電波が入りやすい。基地局から届く電波の範囲も広いため、山岳部などでも少ない基地局数でカバーすることができ、基地局設置負担が少なくて済む。つながりやすいという特性を有する800メガヘルツは価値の高い周波数帯域としてプラチナバンドとも呼ばれる。一方の2ギガヘルツ帯は直進性が強いため障害物があると電波が回り込みにくくなってしまうが、周波数帯域を多く確保することができるので一度に多くのデータをやり取りできる。

5G割り当て周波数

5Gで用いられる周波数帯は、大きく3つに分けられる。24ギガヘルツ帯以上のミリ波帯のハイバンド、1~6ギガヘルツ帯のミッドバンド、1ギガヘルツ帯以下のローバンドだ。ハイバンドのミリ波は5Gで新しく使われるようになったミリ波帯だ(図5-1)。

２０１９年４月に総務省はＮＴＴドコモ、ＫＤＤＩ、ソフトバンクモバイル、楽天モバイルに対して、ミッドバンドの３・７ギガヘルツと４・５ギガヘルツとハイバンドの28ギガヘルツを５Ｇ周波数帯として割り当てた。４Ｇで割り当てられていた最も高い周波数帯は３・５ギガヘルツである。２０１９年４月に割り当てた５Ｇの周波数帯は、４Ｇまでで使っていたものより高い周波数帯となる(図５−２)。

高い周波数帯を割り当てたのは、低い周波数帯は既に多くの用途に使われているためである。２０１９年10月時点での無線局数は約２億６０００万局ある。これらの多くが低い周波数帯に割り当てられている。電波法が制定された１９５０年当時の無線局数は約５０００局、１９７５年は約１２１万局であって、警察や消防など国や地方公共団体などによる公共分野での利用が中心であった。この後、携帯電話をはじめとしてさまざまな無線機器が普及したことで無線局数が急増し、これらを収容するための周波数帯をひねり出さなければいけなくなった。

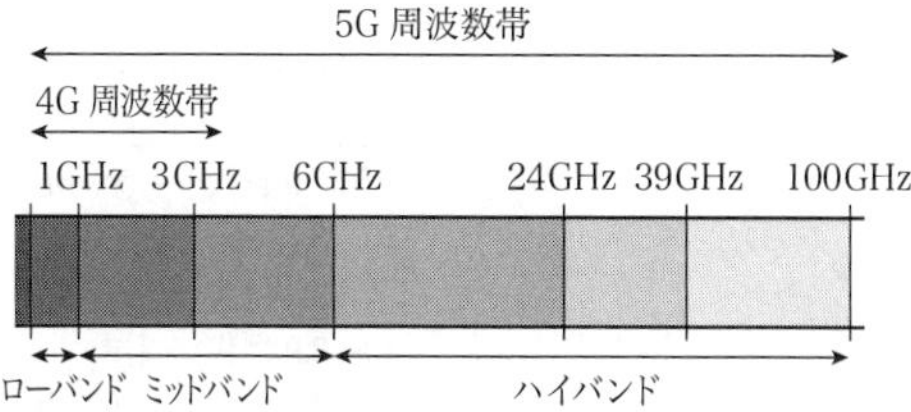

図５−１　5G 周波数帯：ロー／ミッド／ハイバンド

周波数帯は売り切れ状態でほぼすべて使われてしまっている。例え

表5-2　世代ごとの周波数帯

世　代	周波数
第3.9世代	700 MHz
第3世代	800 MHz
第3.5世代	
第3.9世代	
第3.5世代	900 MHz
第3.9世代	
第3.5世代	1.5 GHz
第3.9世代	
第3.5世代	1.7 GHz
第3.9世代	
第4世代	
第3世代	2 GHz
第3.5世代	
第3.9世代	
第4世代	3.4 GHz
第4世代	3.5 GHz
第5世代	3.7 GHz
	4.5 GHz
	28 GHz

ば、日頃当たり前のように使っている無線LANは2・4ギガヘルツ帯と5ギガヘルツ帯を使っている。衛星放送は12ギガヘルツ帯だ。この衛星放送のあたりまでは多様な用途に隙間なく電波が割り当てられており、新しい電波利用システムに分配するための周波数はない。したがって、新しい電波利用システムを導入するためには、現在周波数を使っている免許人に周波数を空けてもらうか、または周波数を共用(既存のシステムに影響を与えないように共同利用)するしかない。すなわち、現在の周波数の使い方を見直して、新しい周波数の使い方に再編する。

今回、5Gに割り当てた周波数帯も既に固定衛星通信や航空機電波高度計などで使われており、既存のサービスに影響を与えないように共用することになっている。

ただ、ハイバンドのミリ波帯には比較的空きがあり、広い帯域をとりやすい。周波数の幅(帯域)は道路の幅のようなもので、1車線の道路よりも3車線の道路の方が交通量を増やしやすいのと同じで、帯域幅が広いほど多量なデータを一気に高速に送ることができる。今回割り当てたミリ波のハイバンドの帯域幅は400メガヘルツであるのに対し、ミッドバンドの帯域幅は100メガヘルツだ。広い帯域幅を確保したければ、相対的に空いているミリ波を使うしかない。ちなみに、4Gまでで移動通信会社に割り当てた帯域幅は全部で800メガヘルツ弱なのに対し、今回5Gに割り当てた帯域幅は全部で2・2ギガヘルツだ。ミリ波を使うことで、帯域幅が一挙に拡大する。

「多段ケーキ」でカバー

2019年4月に割り当てられた5G周波数は、3・7ギガヘルツ、4・5ギガヘルツ、28ギガヘルツ帯であるが、順次5G周波数は拡大していく。ハイバンドのミリ波では、40ギガヘルツ帯や66ギガヘルツ帯などの非常に高い周波数が将来的に割り当てられる可能性がある。また、ミッドバンドやローバンドも、4Gまでで使われている3・5ギガヘルツ帯以下の周波数帯を5Gでも使えるようにする。

ハイバンド、ミッドバンド、ローバンドはそれぞれ特性が異なるため、ハイバンドを用いた5Gとローバンドを用いた5Gでは同じ5Gでも性能はかなり違う。巷で言われている「すごい」5Gはミリ波のハイバンドを使ったものだ。
米Tモバイルはハイバンド、ミッドバンド、ローバンドを図のような「多段ケーキ」で表現している(図5-2)。従来の音声通話やテキスト通信などは、室内にも届きやすいローバンドやミッドバンドでカバーし、超高速大容量サービスはハイバンドで局所的にカバーするのが基本となる。

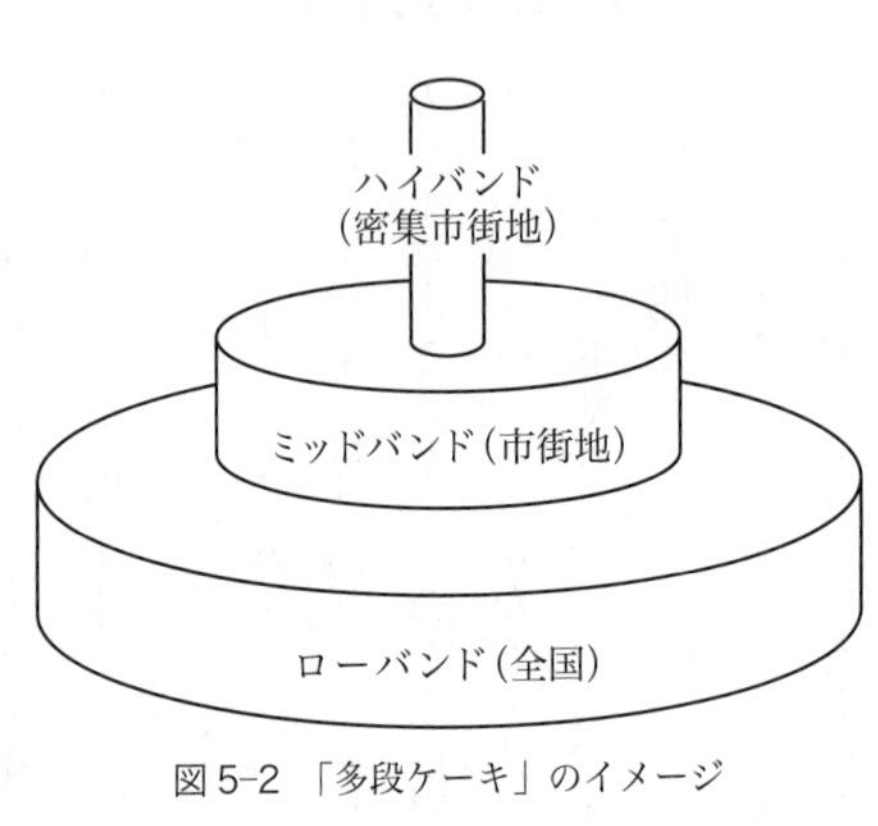

図5-2 「多段ケーキ」のイメージ

ハイバンド

図5-2の細長い最上段が高い周波数のミリ波帯で、歴史上はじめて携帯で使うことになる周波数帯だ。最大10ギガビット/秒の速度、遅延も1ミリ秒程度という有線ブロードバンドなみの性能を実現できる。このレベルの性能はミリ波のハイバンドでないと実現できない。

既に28ギガヘルツ帯の割り当てがなされているが、今後28ギガヘルツ帯以外の周波数帯の割り当ても順次なされていく。2019年の世界無線通信会議で合意された周波数は、24・25〜

27・5ギガヘルツ、37〜43・5ギガヘルツ、47・2〜48・2ギガヘルツ、66〜71ギガヘルツだ。これら以外にも、候補とされている周波数は多くある。広い周波数帯域を確保できるミリ波のハイバンドが順次割り当てられていくことで、5Gサービスの幅が広がっていく。

だが、ミリ波のハイバンドは、直進性が強すぎて回り込まない、電波の減衰が大きいという特性を持つことから、動く相手に安定した通信を行うことが難しく、物陰などではつながりにくくなってしまう。通話中に道の角を曲がると突然切れるだけでなく、体の向きを変える程度でも切断される可能性がある。雨の影響を受ける可能性もある。

電波が広い範囲に届きにくく、数百メートルしか届かない可能性もあり、まずはスタジアムや大勢の人が集まるエリアなど特定の場所に絞って局所的に展開される。どのように通信エリアを構築していくかが通信事業者に問われることになる。すべてのエリアをハイバンドのミリ波でカバーしようとすれば、膨大な数の基地局が必要になるためだ。

なお、ハイバンドのミリ波では、工場の壁に仕切られたエリア内だけに電波を閉じ込めておける可能性が高いため、セキュリティの観点で利用エリア外に電波を漏らしたくない企業には利点となるかもしれない。ただ、電波の直進性が強いため、電波の反射などをも考慮しながら死角のないようにアンテナの配置を工夫することが必要だ。

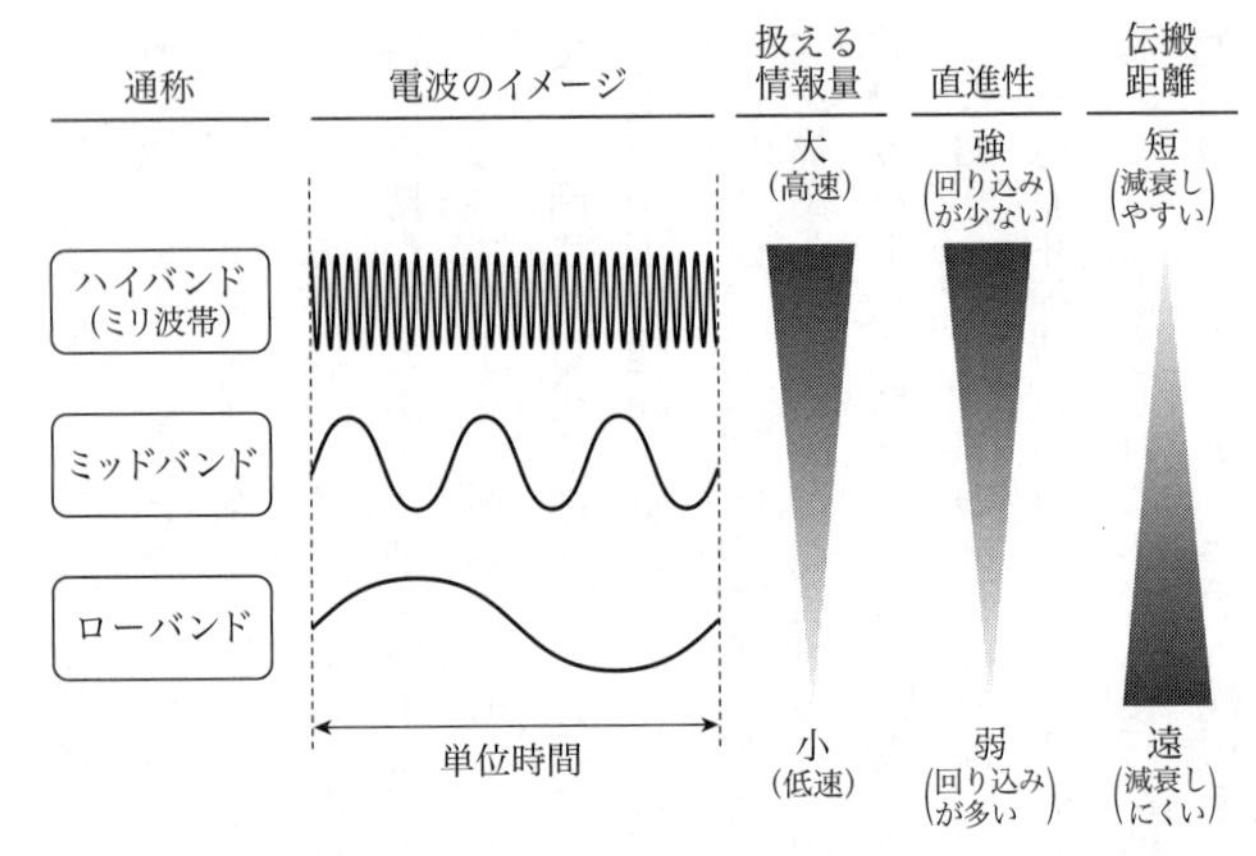

図5-3　ローバンド，ミッドバンド，ハイバンドの比較
（情報通信総合研究所の図をもとに作成）

ミッドバンド

二段目のミッドバンドは、通信速度とカバーエリアのバランスがとれている周波数帯だ。6ギガヘルツ以下であるため、サブ6（sub-6）帯と呼ばれることもある。

ミッドバンドはこれまでの4Gの周波数帯に近く、特性にも大きな差がない。新しい周波数帯のハイバンドを使うには、伝搬特性に関する知見がないため基地局の設置場所などでも試行錯誤が必要となるのに対し、ミッドバンドやローバンドは今までの運用の知見を活用できる。事業者にとって相対的に容易な周波数帯である。

今回総務省がミッドバンドで割り当てた帯域幅は100メガヘルツである。ハイバンドの400

メガヘルツと比べて狭く、通信速度も遅くなる。それでも、現在の4Gの帯域幅よりも広く、通信速度は最大で1ギガビット/秒程度となりそうだ。

カバーエリアは、4Gで使われている3・4ギガヘルツ帯や3・5ギガヘルツ帯と同じようなものとなり、主に集中度の高いエリアをカバーしていくことになる。ハイバンドとミッドバンドをどのように組み合わせてエリア展開していくのか、通信事業者の腕の見せ所となる。

ローバンド

ローバンドは、電波が届きやすいプラチナバンドだ。携帯電話は1Gの当初からこのプラチナバンドを使っていた。電波がビルや建物の中にまで回り込みやすいとともに、遠くにまで電波が届き、とても使いやすいためである。

迅速に5Gのカバーエリアを広げるのにローバンドは適しているため、米国の通信事業者などはローバンド5Gに注目している。ただ、帯域幅も狭く、4Gとも共用しなければいけないため、どこまで性能を発揮できるかは未知数だ。通信速度は最大で100メガビット/秒程度になりそうだ。

従来、2Gから3G、3Gから4Gへと新世代の規格を導入するためには、新しい周波数帯を確保しなければいけなかった。これに対して、4Gと5Gは似ている技術であるため、4Gと5Gを同一周波数帯で切り替えながら使うことができる。4G帯域の中で使われていない帯域を動的に検出し、既存4G端末に影響を与えないように5Gに割り当てる動的周波数共有(Dynamic Spectrum Sharing)と呼ばれる技術を使う。低価格でかつ迅速に5Gサービスを開始できるとともに、4Gと同規模のカバーエリアを短期間に構築できる。

カバーエリアの広さを消費者に訴えやすいことは、通信事業者にとって大きな魅力となる。ミリ波のハイバンドは高速・大容量通信のニーズが明確な局所的なエリアに限定し、ローバンド5Gで5Gを全国規模で一気に展開していく動きが出る可能性も高い。

信号機を5G基地局に

5Gならではの性能をユーザーが受けられるようにするには、ミリ波のハイバンドが広いエリアで使えるようにならなければいけない。高速・大容量の実現に必要な広い帯域幅を確保できるミリ波であるが、電波が遠くに飛びにくいため、現行の4G基地局数を上回る数の基地局が必要となる。

移動通信事業者は電柱や街灯なども活用しながら、市街地を中心に緻密に5G基地局の構築を進めるものの、基地局設置場所の確保は大きな課題になっている。基地局を接続する光ファイバーの敷設率が高く、諸外国に比べて5G基地局の整備はしやすいわが国でさえ、大きなハードルだ。

あらゆる産業を革新すると期待されている5Gは、国の競争力にも直結するとみなされている。5Gインフラ整備の加速は、国の威信をかけた戦いでもある。そのため、政府は、信号機を5G基地局設置場所として開放したり、5G基地局に対して減税措置を図ったりするなど、移動通信事業者に対して5Gインフラ投資を後押しする施策を投入している。

信号機は、全国に約21万ある。交差点という非常に見通しの良い場所に設置され、電源も確保されており、信号機を利用できれば5Gの普及に弾みがつく。

また、信号機自体の高度化にもつながる。ネットワークにつながり遠隔制御できる信号機は現在3割にすぎない。残りの信号機は、設定変更も現地に赴いて行わなければならない。信号機のネットワーク化を実現できれば、交差点周辺の交通量をリアルタイムで把握したり、渋滞の緩和につながるように信号の設定を変更したりすることも可能となる。将来の自動運転の支援にもつながる。

移動通信事業者にとっては5G基地局設置場所の確保という利点が、国にとっては移動通信事業者が支払う使用料で信号機を高度化する費用負担を抑えられるという利点がそれぞれある。具体的な制度設計はこれからだが、信号機に５Ｇ基地局を見かけるようになるかもしれない。

なお、移動通信事業者がバラバラに信号機に５Ｇ基地局を構築するのは効率が悪い。現在、地下鉄や地下街、鉄道トンネル、道路トンネル、病院での基地局は、公益社団法人移動通信基盤整備協会という組織が、移動通信事業者に代わって一括して基地局の整備を行っている。信号機への５Ｇ基地局の整備にあたっても、同じような組織が一括して行うことになろう。

多彩なテクノロジーの取り合わせ

５Ｇを形作るテクノロジーは１つではない。３Ｇや４Ｇ、無線ＬＡＮなどで培われてきた技術をベースに、世界中の研究者や技術者が生み出した多様な技術を精緻に積み木のように組み立てたのが５Ｇと言える。

４Ｇまでと比べての５Ｇの特質は、ネットワークに課せられる要件が多岐に渡ることである。５Ｇにつながるのはヒトだけではない。ありとあらゆる機械やモノをつなげて制御することも対象にしている。高精細の大容量映像を伝送する一方、建設機械を遠隔からリアルタイムに制御しなければいけない。ＰＯＳ（販売情報管理）システムからのデータも全国から不自由なく集めなければいけない。

「広範囲にわたるすべての要件を1つの移動通信システムで満たす」という難しい課題に挑戦し、叡智を集めて作り上げたのが5Gだ。多様な技術や周波数帯を適材適所で組み合わせるとともに、多岐に渡る要件を満たす柔軟性を持たせたものが5G規格である。組み合わせの妙といっても良い。

柔軟性を持たせているがゆえに、理解しづらい点も出てくる。5Gの特徴を専門用語で記すと超高速・大容量通信(eMBB)、超高信頼・低遅延通信(URLLC)、大量端末接続(mMTC)の3つとなる。注意すべき点は、これら3つをすべて同時に実現できるわけではないことだ。実際に使うときには、ニーズに応じて、どの特性を優先するかを調整して使うことになる。また、「最大速度10ギガビット/秒」「遅延1ミリ秒」といった性能がクローズアップされるが、これらはいわゆるカタログスペックである。ニーズは多様であり、必ずしもすべての人が最大性能を求めているわけではない。ニーズに応じてサービスを柔軟に提供できる仕組みが5Gには組み込まれている。5Gには多くのパラメータがあり、パラメータをニーズに応じて調整することでニーズを満たしていくものだと考えて良い。

Massive MIMO

「超高速・大容量」を実現するための主な技術として、ハイバンドのミリ波帯での広い周波数帯域を利用した超広帯域伝送に加えて、Massive MIMOがある。

MIMOとはMultiple-Input Multiple-Outputの略で、送信機と受信機にそれぞれ複数のアンテナを持たせて、複数のアンテナから同時に信号を送信し高速化する技術だ。4Gや無線LANでも使われている技術で、送信側と受信側ともに2本のアンテナを用いる仕組みを2×2 MIMO、4本のアンテナを用いる仕組みを4×4 MIMOと呼ぶ。

Massive MIMOとは、このアンテナの数を増やした超多素子アンテナのことだ。

アンテナといえば、棒状のものを思い浮かべる人も多いだろうが、Massive MIMOは超小型のアンテナ素子が縦・横に多数配置された平面状のアンテナである。ミリ波は波長が短く、アンテナ素子のサイズを小さくできることから、8列×8行の64個、12列×12行の144個、あるいは16列×16行の256個のアンテナ素子を数十センチメートル四方の平面に並べることができる(図5-4)。

一つ一つのアンテナ素子の電波の振幅や位相を制御し、複数のアンテナ素子を協調動作させると、任意の方向にビームを形成するビームフォーミング(電波を細く絞って、特定の方向に向け

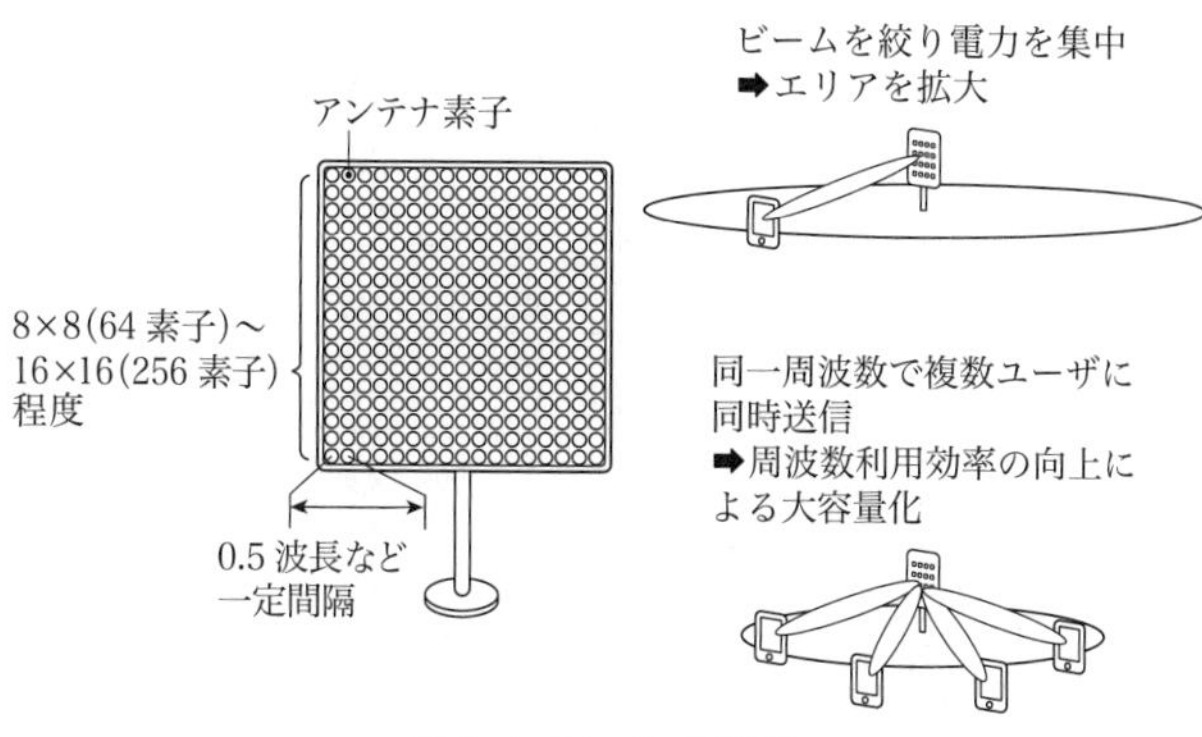

図5-4 Massive MIMO

て集中的に発射すること)が可能となる。電波が波の性質を持っていることを利用したもので、同じ位相の波同士を掛け合わせると強まり、逆位相の波をかけあわせると打ち消されるという性質を使う。各アンテナ素子の電波の振幅や位相を制御することで、掛け合わせの仕方を調整し、サーチライトのように希望する方向に電波を集中させられる。

Massive MIMOを使う目的は大きく2つある。1つは、多数のアンテナ素子で鋭いビームを生成して、ある程度遠くまで電波を飛ばしてカバーエリアを広げることだ。電波が減衰しやすく遠くまで届かないミリ波で必要な機能である。もう1つは、多数のアンテナ素子でもって複数のビームを同時に生成し、一人一人のユーザーにそれぞれ異なるビームを向けることで、多くのユーザーを同時接続させ、システム容量を増大させることである。

アンテナ素子の数が増えると、振幅と位相を制御することでいろいろなことを実現できる。ビームを絞ると、ほんの少し動いただけでも電波が届かなくなる。そのため、ユーザーの移動の程度に応じて振幅や位相を制御してユーザーを追跡(トラッキング)することも可能だ。

低遅延——1ミリ秒は無線区間のみ

4Gでの10ミリ秒程度の遅延に対して、5Gでは遠隔制御や自動運転などの応用を見据えてさらなる低遅延化を進め、遅延を1ミリ秒以下に抑えることを目標としている。

4Gと比べて最も大きく変わったのは、同じサイズのデータをより短い送信間隔で伝送できるように、サブキャリア(信号を伝送する個々の波)の間隔を可変にしたことだ。サブキャリアの間隔を倍にすれば、データを半分の時間で送れるようになるため、データのやり取りの際の待ち時間が減り、遅延を半分にできる。あわせて、再送処理の簡素化などの手法を導入することで、1ミリ秒という遅延を実現する。

もっとも、1ミリ秒の低遅延は最初の段階では実現できない。当初は、4Gと一体で運用がなされるノンスタンドアロン(NSA)型で5Gが運用されるためだ。通信の確立などの制御に4Gを使うため、4Gでの信号のやり取り時にどうしても遅延が生じてしまう。1ミリ秒の低遅延はスタンドアロン（SA）型の運用を待たなければいけない。

また、1ミリ秒というのは、あくまでも「無線区間」のみのことであることにも注意しなければいけない。基地局からサーバーに至るまでの有線区間での遅延やサーバーで信号を処理するのに要する遅延など、遅延は無線区間以外でも発生する。

例えば、オペレーターが画面を見ながら遠隔で建設機械を制御する場合を考えてみよう。オペレーターが操作すると、操作データがインターネットを介して基地局にまで届き、基地局から無線で建設機械に操作データが届けられる。オペレーターが見ている映像は建設機械のカメラから送られてくる。このときにオペレーターにとっての遅延は、「オペレーター端末から基地局までの有線区間の往復伝送遅延」「基地局から建設機械までの無線区間の往復伝送遅延」「建設機械での映像符号化に要する遅延」「オペレーター端末での映像の復号に要する遅延」などの総和になる。これら全体の遅延を小さくしなければ、低遅延のサービスは実現できない。

そのため、「5Gを使うと米国の名医に遠隔で手術してもらえるようになる」などということは物理的に実現できない。日本と米国の間の海底ケーブルを介してデータをやり取りするだけで、伝送遅延だけでも往復で100ミリ秒程度時間がかかるためだ。有線でも距離が長くなれば、伝送遅延が生じる。途中にルーターと呼ばれる装置が介在するので、実際の伝送遅延はさらに大きくなる。

低遅延化した5Gを生かすためには、無線区間以外の「周辺部」の低遅延化も鍵となる。

エッジコンピューティング

「周辺部」の低遅延化を実現する1つの方策として、第1章に述べたエッジコンピューティングがある。MEC（マルチアクセスエッジコンピューティング）と呼ぶこともある。

エッジとは「端」を意味する。クラウドを中心として見たとき、端末に近い場所は「クラウドの端」のエッジということになる。クラウドで処理をするのではなく端末に近い「現場の最前線」で処理しようということだ。インターネットを通じてクラウドと通信するということは、インターネット上の何台ものルーターを介してデータをやり取りすることになる。その分、ルーターによる処理遅延や光ファイバーの伝送遅延が積み上がっていく。端末に近いエッジで処理することができれば、データの分析や処理を低遅延で行うことができる。

エッジの設置場所としては、基地局や電話局舎、あるいは近傍のデータセンターが想定されている。なお、端末自体をエッジとすることもある。例えば、クルマの場合、車内のコンピュータでセンサー情報やクラウドから得た情報を分析処理するのもエッジコンピューティングと呼ばれる。

エッジコンピューティングの利点は、低遅延に限らない。端末からクラウドまでの通信コストを削減できることや、データをエッジにとどめておくことでクラウドにデータが集中するのを阻止し、競争優位性を担保することができることも利点となる。

例えば、生産ラインに設置したカメラで異常検知を行っている工場を考えてみよう。異常を検知したら素早くラインを停止しなければいけないため、クラウドまで送って分析して戻すと、遅延でライン停止が遅れてしまう。現場の近くのエッジで画像を分析することで、遅延を減らすことができる。

また、大量のカメラ画像をクラウドに送るには、大容量の通信回線を用意しなければならず、通信コストが高くなってしまう。現場に近いエッジまでの通信コストだけであれば、大幅に削減することができる。

さらに、生産ラインでのカメラ画像は企業にとって秘密にしておきたいデータである。データ駆動型経済とも言われるように、データは競争優位に立つ源泉になる。クラウドにデータを預けてしまうと、クラウド事業者に価値が移ってしまう可能性が高い。枢要なデータを外部に流出させずにエッジで処理をすることで、価値を自社にとどめておくことができる。

工場の監視以外にも、自動運転、次世代監視カメラ、ゲーム、AR／VR、音声認識(スマートスピーカー)など、低遅延にニーズのある分野は多い。

このようなエッジコンピューティングを5Gと組み合わせて利用できるように、5Gのコアネットワークには新たな機能が追加されている。現行の4Gのコアネットワークでは、インターネットやクラウドに接続するための出口は一カ所のみである。エッジサーバーは基地局やコアネットワークの途中に配置されることになるため、これでは都合が悪い。そのため、エッジ処理を行うデータは、インターネット向けのデータとは区別して、エッジサーバーの近くに設けた出口から出せるようにする。このような出口を複数設け、遅延要求にあわせて出口を選択する機能を盛り込んでいる。

クラウドへの対抗軸

エッジコンピューティングは5G向けとして登場してきたものではない。数十億台の機器がインターネットにつながるようなIoT社会を見据えると、集中処理型のクラウドでは遅延、性能、消費電力、セキュリティ／プライバシーなどの観点で対応することが難しくなるとの課題認識から分散処理型のエッジコンピューティングが出てきた。

コンピューティング分野は、時代とともに集中と分散とを繰り返しながら変遷してきている。集中型のメインフレーム(汎用機)から分散型のパーソナルコンピュータへ、そして現在の集中型のクラウドへとつながっている。順番からすると次は分散型のエッジコンピューティングとなる。

エッジコンピューティングには、米アマゾン・ウェブ・サービスのAWS、米マイクロソフトのAzure、米グーグルのグーグルクラウドといった巨大なクラウド事業者への対抗軸といった側面がある。巨大なクラウド事業者にデータが集中するのを阻止し、データの重心をエッジに移動させる思惑だ。

例えば、利用者の閲覧履歴をエッジで分析して広告配信に使えば、利用者のデータはクラウド事業者に集まらない。既にこのようなサービスを提供している企業は存在する。プライバシーへの意識が高まっていることを反映し、利用者数は伸びている。

また、製造業などの現実世界の現場からあがってくる莫大なデータを有している企業にとっては、クラウド事業者にデータを出したくない、巨大なクラウド事業者の影響下には入りたくないという思惑がある。エッジコンピューティングには現場主導であるという特質があり、現場のことを把握していなければ、どのようなデータからどのように価値を生み出していくかさえわからない。クラウド事業者がこれらすべてに精通することは難しく、クラウド事業者がエッジコンピューティング市場すべてを牛耳ることにはならない可能性が高い。

さらに、クラウド事業者によって「土管ビジネス」に追いやられてきた通信事業者にとっても、エッジコンピューティングは脱土管化の一歩になる可能性がある。エッジを基地局や電話局舎などに設置する可能性があるからだ。

ただし、エッジがクラウドを全て置き換えることにはならないかもしれない。CPUの高性能化で、エッジにかなりの計算資源を持たせることはできつつあるものの、クラウドの巨大な計算資源にはかなわない。エッジとクラウドとで機能分担がなされ、適材適所で使い分けていく形もあり得る。

一例がクラウド連携型エッジAIと呼ばれるものだ。AIをエッジとクラウドとで機能分担して実行する。膨大な計算処理が必要な「学習」はクラウドで行い、異常検知や画像認識などの「推論」は学習済モデルをダウンロードしたエッジで行う。クラウド上での学習に必要なデータはエッジで集約してからクラウドに送ることで、学習モデルの精度の維持・向上とともに通信帯域を節約できる。

IoTを支える多数同時接続

多数同時接続の実現は、4Gのときに仕様が決められたIoT向けの通信規格NB-IoT（狭帯域IoT）とLTE-Mを進化させることで行う。小さいデータサイズ、低い送信頻度といったIoT端末の特徴を踏まえて、機能をさらにそぎ落として進化させる。通信速度も極限まで落とすことを視野に入れており、高速・大容量化とは逆の方向への進化だ。ありとあらゆるニーズに対応させることを5Gは狙っている。

4Gでの仕様を進化させることにした理由は、IoT端末の寿命が長いことである。既にNB-IoTやLTE-Mでのサービスは始まっているが、電力、ガス、水道のスマートメーター、河川や森林の監視、マンホール水位計測など、10年以上のサービス寿命が期待されているユースケースが多い。5G標準として位置づけることにより、NB-IoTやLTE-Mの位置づけを確固たるものにするという狙いがある。

4Gでの同時接続数は、規格上1平方キロメートル当たり約6万台であるが、5Gでは1平方キロメートル当たり100万台の端末を同時接続するという意欲的な目標を設定している。同時接続数の増大を図るための方策は「簡素化」だ。例えば、携帯で通信をするときには、通信に先立って基地局から許可を得る必要がある。NB-IoTやLTE-Mも、この仕組みの上で動かしていたが、データサイズの小さいＩｏＴ端末の場合には必ずしもこのような許可が必要とは限らない。許可を不要として簡素化することで同時接続数の増大を図る。

あわせて、さらなる低消費電力化も進化のポイントである。電池駆動のＩｏＴデバイスが多いため、消費電力はなるべく低く抑えたい。NB-IoTやLTE-Mでも消費電力の低減は図られているが、スリープ（節電状態で待機している状態）している時間を長くしたり、送信帯域幅を狭くして通信速度をさらに遅くしたりすることで、消費電力のさらなる低減を図る。

ＩｏＴ端末向けの通信規格はNB-IoTやLTE-Mに限らない。ＬＰＷＡ（Low Power Wide Area）と呼ばれるＩｏＴ端末向けの通信規格として、SigfoxやLoRaなどの規格もある。移動通信事業者主導の規格であるNB-IoTやLTE-MをセルラーＬＰＷＡと呼ぶのに対し、SigfoxやLoRaは非セルラーＬＰＷＡと呼ばれる。

複数の規格があるが、共通しているのは、ＩｏＴ端末の通信速度を低速にして、低コストかつ低消費電力で無線通信を提供することである。不要な機能を徹底的に省くことで、通信方式を簡潔なものにし消費電力も低く抑えるとともに、通信モジュールコストも安く抑える。異なるのは通信速度だ。Sigfoxは１００ビット／秒（上り、下りはなし）、LoRaは3キロビット／秒、NB-IoTは62キロビット／秒（上り）、LTE-Mは1メガビット／秒だ。

現在は通信速度で棲み分けがなされているものの、NB-IoTやLTE-Mが5Gで進化すると、NB-IoTやLTE-MがSigfoxやLoRaが対象としている通信速度まで対象にすることになる。そのため、5Gと5G以外のLPWAとの棲み分けは、通信コストやサービスエリアなどでなされていくことになろう。

なお、5Gの多数同時接続向けの周波数帯としてはローバンドが使われることになろう。ハイバンドやミッドバンドは周波数が高く消費電力が大きくなってしまうとともに、伝搬距離も短くなってしまうためだ。すなわち、ハイバンドやミッドバンドでは、LPWAのLP(低消費電力)やWA(広域)を満たすのは難しい。ローバンドの周波数帯が5Gに割り当てられてから、5Gの同時多数接続は動き出すことになる。

コアネットワークの仮想化

ネットワークの仮想化とは、市販の汎用ハードウェア上で動くソフトウェアで既存の専用ハードウェアの機能を置き換えるものである。ネットワークの仮想化には、「コアネットワークの仮想化」と「無線アクセスネットワークの仮想化」の2つがある。

移動通信事業者の基幹回線であるコアネットワークの仮想化は、既に世界の通信事業者が導入し始めている。後述する5Gでのネットワークスライシングにおいて必須のものだ。これに対して、基地局まわりの無線アクセスネットワークの仮想化は、大規模ネットワークでの導入は楽天モバイルが世界初となる。

コアネットワークには、スイッチ、ルーター、キャリアグレードNAT、ファイアウォール、DPI(Deep Packet Inspection)、QoEモニター、WANアクセラレーターなど、多種多様の専用ネットワーク機器が接続されている。これらの専用機器が提供している機能を、共用の汎用ハードウェア上のソフトウェアで提供しようというのがコアネットワークの仮想化だ。

IT業界は、仮想化の歴史といっても良い。仮想化は、IBMの大型コンピュータを複数のユーザーが時分割で利用するタイムシェアリングの仕組みまでさかのぼる。大型コンピュータというハードウェアを多人数のユーザーで共有利用するもので、1つしかないハードウェアを複数あるようにソフトウェアで見せかけている。ソフトウェアを使えば、複数あるコンピュータを1つのコンピュータのように見せかけることもできる。ソフトウェアに重心を置くことで、自由自在にコンピュータ資源を使いこなすのが仮想化だ。

ネットワークを仮想化するのは、「機器コストの削減」「運用管理の効率化」「耐障害性の向上」「迅速なサービス提供」などの利点があるためだ。低価格な汎用ハードウェアを用いることで、ばらばらであった専用ハードウェアの導入、保守、更新などのコストを減らすことができるとともに、設定の変更なども一元管理することができるようになる。専用ネットワーク機器ベンダーの「ベンダーロックイン」(他社製品への切り替えが困難になること)からも脱却しやすくなる。また、あるハードウェアが故障しても、正常に稼働している他のハードウェアに自動的に処理を移管することもできる。災害などで通信が混雑した場合でも、災害地域の設備容量をソフトウェアで増強することができ、つながりやすさを向上させることもできる。新しいサービスの導入時にはソフトウェアを更新するだけでよく、専用ハードウェア設置にかかる計画や工事もいらない。

汎用ハードウェアの性能が大幅に向上したことで、専用ハードウェアで実現していた通信事業者グレードの高信頼性や高性能などといった要件を、「汎用ハードウェア＋仮想化ソフトウェア」でも満たすことができるようになった。

無線アクセスネットワークの仮想化

移動通信事業者の設備投資の8割近くは、基地局のコストが占めると言われている。スウェーデンのエリクソン、フィンランドのノキア、中国のファーウェイの3社が基地局大手だ。

これに対して、楽天モバイルは、台湾製の汎用サーバーにインテルのボードを組み込んだハードウェアに、米アルティオスター・ネットワークスのソフトウェアを載せ、「無線アクセスネットワークの仮想化」を目論む。

既存の基地局は、アンテナ、RRU(Remote Radio Unit)、BBU(Base Band Unit)、電源関連設備などからなる。これらのうち、BBUは必ずしも基地局に置いておく必要はない。そこで、BBUの専用ハードウェアと同等の機能を、エッジサーバーのソフトウェアで実現する。エッジサーバーはNTT東西の局舎にコロケーションで設置し、基地局とエッジサーバーとの間は専用の100ギガビット/秒の光ファイバーで接続する。

基地局からBBUを切り離すことで、基地局の小型化や軽量化が可能となり、設置場所に対する負荷が少なくなる。基地局ごとに設置していたBBUをエッジサーバーに集約してソフトウェアで実現することで、メンテナンスコストが下がるほか、新たな技術を導入する際も素早く対応できる。

楽天モバイルは、無線アクセスネットワークからコアネットワークまで全面的に仮想化する。これまでにも部分的には仮想化が進んでいたが、「完全仮想化」は楽天モバイルが世界初で、海外からも注目を集めている。既存のレガシー設備を持たないからこそ、ゼロから完全仮想化ネットワークを構築できる。

このため、楽天モバイルの設備投資額は極端に少ない。２０２５年までの見込み設備投資総額６０００億円は、ＮＴＴドコモの１年分の投資額と同じだ。ＮＴＴドコモは、現行の４Ｇのインフラに総額４兆円近くを投じている。

業界全体の流れとして、完全仮想化は必然的な流れである。それでも、楽天モバイル以外の移動通信事業者が完全仮想化まで踏み込んでいないのは、信頼性を確認できていないからだ。信頼性の高い安定した通信インフラを作らなければいけない事業者にとって、完全仮想化は慎重に進めざるを得ない。多くのユーザーが使いだすと想定外の事象が必ず発生するが、仮想化してしまうと通信障害があったときに問題を発見しにくいという面もある。信頼性と先進性のバランスをとりながら、仮想化の導入を進めている。

ネットワークスライシング

５Ｇが対象とするサービスは、スマートフォン向けのものだけではない。建設機械の遠隔制御、工場機械の自動制御、ゲームなどのサービス要求条件が厳しい高スペックなものから、環境センサーやスマートメーターなどの低スペックなものまで、多様な要求条件をもつサービス

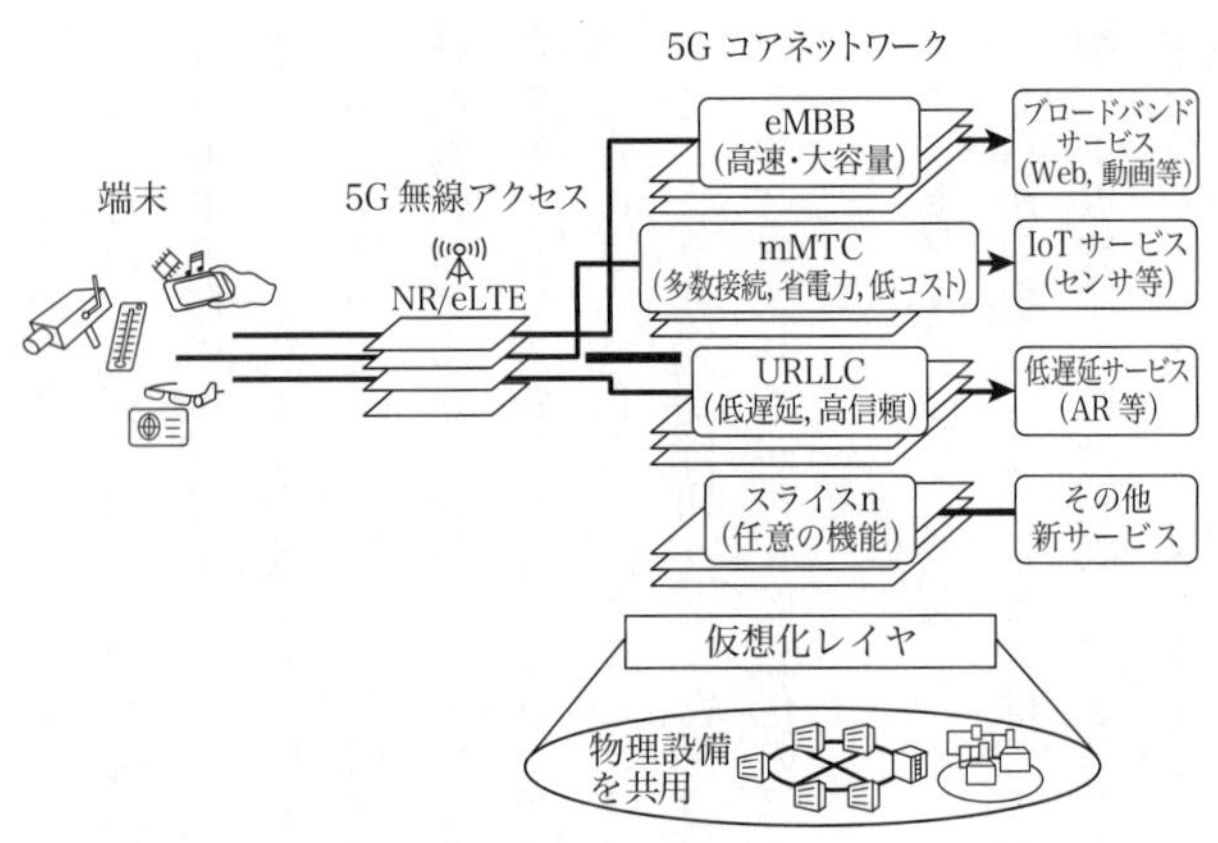

図 5-5　ネットワークスライシング
出典：NTT ドコモ

をより安価に提供しなければいけない。

現在のコアネットワークは、端末の種類や提供サービスを考慮せずに、すべてのデータを画一的に転送している。そのため、静止しているセンサー端末からのデータ転送であっても、ハンドオーバー機能（移動にともなって基地局を切り替える処理）が動作していて非効率になっている。また、大容量映像データが流れると、通信回線が混雑してしまい、他のデータも流れづらくなってしまう。

そのため、5Gでは、コアネットワークにネットワークスライシングが提供される。高速・大容量、低遅延、同時多数接続といったさまざまな要件ごとに仮想的なネットワーク（ネットワークスライス）を生成するものだ。

1つの物理的なネットワークを仮想的に複数の

ネットワークスライスに区切り、異なる要求条件を持つデータをそれぞれのネットワークスライス上で転送する。これにより、５Gに収容する多種多様なサービスを効率的に、かつ互いに影響させずに提供することが可能になる。「コネクテッドカー向けの特定企業向け高信頼サービス」「金融トレーディング向け低遅延サービス」「スマートシティ向けＩｏＴサービス」などカスタマイズされたサービスをユーザーに提供できる。

具体的には、サービス提供に必要な要素機能をソフトウェアモジュールとして実現し、ソフトウェアモジュールを組み合わせることでカスタマイズサービスを提供する。要素機能としては、ツリー型パケット配信機能、セッション接続機能、エッジサーバー機能、映像加工機能、映像配信機能、ストレージ（データ保管）機能など、さまざまなものがある。

このようなネットワークスライシングの登場で、通信料金は「量」から「質」に変化する可能性が高い。これまでの通信料金は、通信容量で決まるのが一般的だ。しかし、ネットワークスライシングによりスライスごとに通信の「質」が変化することになる。「高速・大容量スライス」「低遅延スライス」「多数同時接続スライス」といった大きな括りのみならず、映像配信用のカメラ向けの「大容量コンテンツ配信スライス」、高精細映像をみながら建設機械を遠隔制御するための「制御向け低遅延スライス＋映像向け高速・大容量スライス」などの通信プランが登場してくるかもしれない。また、「高速・大容量スライス」「低遅延スライス」「多数同時接続スライス」であっても、複数の信頼性や遅延レベルがあるプランが登場してくるかもしれない。

ネットワークスライシングは進化途上ではあるものの、必要なときに必要なだけ通信事業者が有するネットワーク資源やサーバー資源を自在に使えるように仕組み構築がなされていく。5Gを使うコンテンツプロバイダなどがサービス要件を通信事業者に伝え、通信事業者がそれに適したスライスを提供する世界である。このような世界が構築されると、一般消費者は5Gに対してお金を支払うのではなく、5Gをも含んだコンテンツサービスにお金を支払うようになる。コンテンツプロバイダなどにとっては、どのように5Gを自らのサービスに組み込んでいくかが、競争優位実現の鍵となる世界だ。

B（通信事業者等）とB（サービス提供事業者等）が連携してX（個人もしくは企業）にサービスを提供するB2B2Xの世界である。通信事業者がサービス提供事業者と一緒になってサービスを作り上げるようになることで、通信事業者のあり方も変わることになる。

ローカル5Gの周波数

ローカル５Ｇは2回に分けて制度化される。

既に制度化されたのは、ハイバンドのミリ波の28・2〜28・3ギガヘルツの１００メガヘルツ幅だ。２０１９年12月に免許の申請受付が始まった。ミリ波であるため、使いこなすのが難しいが、「屋内」あるいは「敷地内」で５Ｇならではの特徴を活かすことのできる帯域だ。

続いて、ミッドバンドの４・６〜４・８ギガヘルツの２００メガヘルツ幅とハイバンドの28・3〜29・1ギガヘルツの８００メガヘルツ幅の制度化がなされる。

2回に分けて制度化されるのは、４・６〜４・８ギガヘルツと28・3〜29・1ギガヘルツは、既に使われている業務との共用検討に時間を要するためである。４・６〜４・８ギガヘルツは防衛省の公共業務用システムが使用している。公共業務用とは「人命及び財産の保護、治安の維持、気象通報その他これに準ずる公共の業務を遂行するため」の通信システムで、国に周波数が割り当てられている。一方、28・3〜29・1ギガヘルツは、衛星通信において地上局から衛星への通信で用いられており、衛星通信事業者に割り当てられている。

ローカル５Ｇをこれらの周波数帯域で用いる際には、既存の業務と共用しなければいけない。公共業務用システムと衛星通信は一次業務と呼ばれる優先度の高い業務となるため、優先度の低い二次業務となるローカル５Ｇは、電波干渉などの影響を与えないように共用ルールを決めなければならない。

4・6～4・8ギガヘルツの公共業務用システムは、全国レベルで使われているものであるため、妨害を与えないようにするためには、この帯域のローカル5Gの使用は屋内などの閉じた空間に限られてしまう可能性がある。

また、28・3～29・1ギガヘルツでは、少なくとも衛星の地上局の周辺では使えなくなる可能性が高い。共用検討の結果によっては、こちらにも屋内限定といった条件が付く可能性がある。

最終的にこれらの周波数帯がローカル5Gに割り当てられれば、ミッドバンドの4・6～4・8ギガヘルツの200メガヘルツとハイバンドの28・2～29・1ギガヘルツの900メガヘルツの合計の1・1ギガヘルツの帯域幅となる。新たに制度化される周波数帯は屋内限定となり、工事現場や農場などでは使えなくなる可能性もあるが、それなりに広い帯域幅だ。全国規模の移動通信事業者以外の企業や組織が数多く参入することで、新たな領域で新たなビジネスが生まれることを期待したい。

自営BWA

ローカル5Gと同時に、2・5ギガヘルツ帯の自営BWA(Broadband Wireless Access：広帯域移動無線アクセスシステム)も制度化された。4GのLTEを使う自営網であるため、「プライベートLTE」とも呼ばれる。

自営BWAとは地域BWAの自営網/プライベート版である。地域BWAは、地域の公共サービスの向上やデジタル・ディバイド(条件不利地域)の解消など、地域の公共の福祉の増進に寄与することを目的とした無線システムで、地域の暮らし・防災情報の配信、児童・高齢者見守り、学校などのネット利用など、地域の公共の福祉の増進に寄与するために用いられるものである。

自営BWA/プライベートLTEが制度化された背景には2つある。

1つは、そもそも2・5ギガヘルツ帯の地域BWAがあまり使われていないためである。2019年6月の時点で開設している地域BWAは80地域のみであり、多くの地域で使われていない。使われていないのであれば、この帯域を自営BWAとして有効活用しようというのが1つめの理由だ。

もう1つは、ノンスタンドアロン(NSA)型でローカル5Gを構築するには、4G環境が必要になるためである。NSAでは、制御信号は4Gでやり取りする。ローカル5GをNSAで実現しようとすれば、自営BWAと組み合わせなければいけないというのが2つめの理由だ。

自営BWAへの周波数の割り当て方針は、ローカル5Gと基本的に同じだ。一次業務である地域BWAに電波干渉を与えないように、「自己の建物内」または「自己の土地内」での利用を基本として建物や土地ごとに割り当てる。プライベートLTEとしては、既に1.9ギガヘルツ帯のsXGP方式が実用化されているが、今回、新たに自営BWAが制度化されたことで、日本でもプライベートLTEを本格的に自営で展開できることになる。

プライベートLTEは、先に海外で普及が進みつつある。公共安全(警察や消防等)、電力やガス、鉱山、港湾や空港、工場などにおいて用いられ始めている。「公衆LTEのサービス提供エリア外でも使える」「期間限定の用途にも使える」「電波が混み合ってつながりにくくなることもない」「利用ニーズに応じて仕様を柔軟に変更できる」などの利点があるためだ。

例えば、人里離れた鉱山でのショベルカーの遠隔運転、災害発生時に一時的に設置する災害救助向け無線、工場内無人搬送車の制御など、少しずつ活用範囲が広がっている。もはや4G/5Gは、移動通信事業者だけが導入できるシステムではない。一般企業や組織、自治体が自営用として選択できるシステムとなった。

ただ、自営網であるため、基地局は自前で設置しなければいけない。基地局というと、ビルの屋上などの大きなアンテナを思い浮かべるかもしれないが、プライベートLTEの基地局は無線ＬＡＮのアクセスポイントのようなもので小型だ。基地局に加えて必要となるのがＥＰＣ(Evolved Packet Core)と呼ばれるコアネットワークだ。従来は移動通信事業者向けの大規模専用装置しかなかったが、最近ではプライベートＬＴＥ用のソフトウェアを汎用サーバーにインストールするだけで良いものも登場しており、個人で手軽に自前のプライベートＬＴＥを構築することができるようになっている。

ローカル5GとWi-Fi 6

４Ｇや５Ｇは、移動通信事業者が公衆サービスを免許周波数で提供するものであったが、プライベートＬＴＥやローカル５Ｇ(プライベート５Ｇ)が登場したことにより、移動通信事業者以外の一般の企業や組織、自治体などでも４Ｇ／５Ｇ網を自ら基地局を設置して構築することができるようになった。

このような自営網として、幅広く普及しているのが無線ＬＡＮである。２０１９年９月に公式に発表されたWi-Fi 6と名付けられた最新規格IEEE802.11axでは、周波数利用効率、安定性、消費電力などにおいて現在の無線ＬＡＮ規格よりも大幅な性能向上が図られており、使われている無線技術は５Ｇのそれにかなり近い。変調方式はどちらもＯＦＤＭ(直交周波数分割多重)であるし、通信速度もどちらも10ギガビット/秒を実現する仕様である。

ローカル5GとWi-Fi6の違いは三点ある。「電波干渉」「セキュリティ」「ハンドオーバー」だ。

電波干渉は、ライセンスバンドとアンライセンスバンドの違いに起因する。ライセンスバンドは免許を必要とする周波数帯で、アンライセンスバンドは免許を必要としない周波数帯だ。ローカル5Gはライセンスバンドであり、免許を受けた周波数は決められたエリア内で排他的に利用することができる。一方のWi-Fi6は、現在使われている無線LANと同様、誰でも使える周波数帯(2・4ギガヘルツ帯と5ギガヘルツ帯)を使う。無線LAN以外にも、ブルートゥース、電子レンジ、コードレス電話などでも使われている周波数帯であるため、常に電波干渉の問題がつきまとう。Wi-Fi6には電波干渉を緩和するための仕組みは導入されているものの、高い品質を必要とするようなサービスには向いていない。

セキュリティは、SIM認証を行うか否かである。SIMとは加入者識別モジュールのことで、SIMには携帯電話番号、固有識別番号、回線契約に関わる情報など移動通信システムを利用する際に必要となる情報が書き換え困難な状態で書き込まれている。ローカル5Gでは、このSIMを使った認証がコアネットワークの機能を使ってなされるため、アクセス制限などをWi-Fi 6よりも強固に行うことができる。

ハンドオーバーは、基地局をまたいで移動した際にも接続断が起きないような仕組みのことで、端末が移動することを前提とした規格であるローカル５Gでは、基地局が切り替わる場合も通信断の影響を受けることなく継続して通信を続けることができる。そのため、複数のローカル５G基地局でカバーしたエリア内を動き回るようなユースケースにおいては、ローカル５Gの方が適している。

したがって、高いサービス品質保証が必要となるところでは、Wi-Fi 6ではなくローカル５Gが使われることになる。それ以外のところでは、まずはコストの安いWi-Fi 6から始めても良い。とりあえずWi-Fi 6から始めて、必要になったらローカル５Gに移行すれば良い。ローカル５G導入のきっかけとして、Wi-Fi 6も候補となる。

終章　5Gにどのように向き合えば良いか

あらゆる産業の基盤となり、産業のデジタル化や効率化をもたらすと期待されている5G。基地局、基地局までの光回線、ネットワーク装置、端末、部品など、5Gに直接関係する分野だけでも膨大な市場であり、5G関連銘柄が株式市場で注目されている。日本経済全体の景気を左右するくらいの特需が期待できる。

さまざまな製品にセンサーを取り付けて管理するIoTが一気に進み、生産や物流などが大幅に効率化されれば、経済全体に与える影響は格段に大きい。経済を飛躍的に成長させる力を秘めているからこそ、国際競争は激しさを増しつつある。

しかしながら、「5Gならではのサービスがない。4Gの品質で十分なものも多い。5Gを使う必要性を感じない」「いろいろな実証実験をみても、ビジネスになるようなものが見当たらない。投資することは難しい」「期待していたけど、結局何をやればよいかわからず、静観せざるを得ない」などの声も聞かれる。

5Gに対して期待と落胆の両方があるのは、時間感覚の違いのためだ。現時点では5Gならではというキラーサービスが登場していないため、5Gが世界や産業を激変させるほどの強烈なインパクトを有すると実感することは難しい。しかし、少し先の将来を見据えると、5Gがデジタル変革を後押しして世界を一変させてしまう可能性が高い。誰よりも先に深く将来を洞察し、企業の競争力を高めることにつなげることが大切である。

本章では、5Gにどのように向き合えば良いのか、私なりの視点を紹介したい。

まずは土俵に上がる

5Gに向き合うにあたって必須であるのが、5Gで新しいビジネスの余地が生まれるという点を認識し、5Gの土俵に上がることである。

新しい技術が出るたびに、こんなものは必要ない、金を払ってまで使わないなどの懐疑的な声が上がる。5Gも同じで、4Gでも十分だ、5Gならではのサービスがない、5Gはビジネスにならない、などの話が出る。

しかし、5Gは通信インフラである。さまざまなビジネスは通信インフラの上で花開く。通信インフラが高度化されると、必ず新しいビジネスが出てくる。２Ｇのときにはｉモードが登場した。３Ｇのときにはスマートフォンが登場した。４Ｇでは動画広告やシェアリングサービスが当たり前になった。

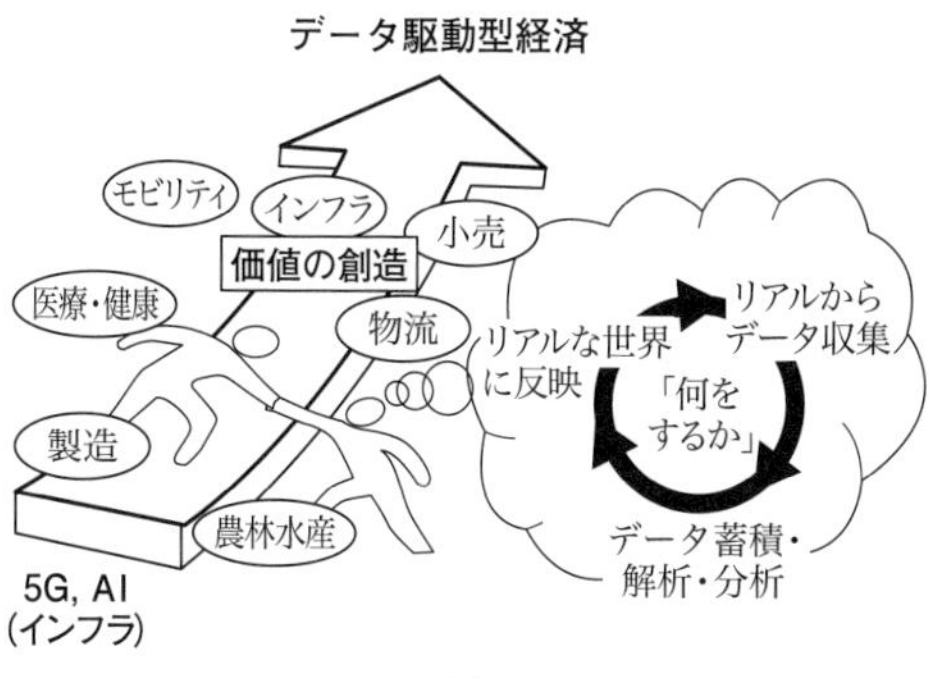

図 6-1　土俵に上がる

そのため、５Ｇは与えられるものではなく、５Ｇで何をするかを皆で作り上げるものという意識が重要だ。５Ｇで儲けるのではなく、「５Ｇによって新しいビジネスの余地が必ず生まれる。その流れに乗ってビジネスを考え出していかなければいけない」と5Ｇを見据えることが大切である。「５Ｇで何ができるのか」ではなく、「５Ｇで何をするのか」ということだ。

第2章にも記したように、ネットフリックスの成功の秘訣は、インターネットの通信速度が速くなったらどのような世界になるのか、通信速度が速い世界では消費者はどのようなサービスを望むのかに関して、誰よりも先に深く洞察していたことにある。

5Gも同じだ。4Gで実現できるものでも、5Gでさらに花開くかもしれない。中国では、5Gを使って渋滞や事故などを検知し、消防・救急や警察などとも連携させて、信号機の調整などを行うサービスが始まっているが、このようなサービスは4Gでも実現できる。だが、5Gを使うことで大量の映像を遅延なく取得でき、その映像を分析したりすることで当初は考えてもいなかった新しい切り口のビジネスに気づくかもしれない。

「5Gならでは」のサービスを思いつけば良いが、思いつかなかったとしても、「4Gでできるものでも良い。5Gに取り組む中から何かが生まれるかもしれない」というスタンスで5Gに取り組むことがが大切だ。今までやろうと思っていても費用対効果などの観点からトライできなかったことを、5Gというこの機会を利用して始めることが新たな気づきにつながる。

通信インフラはますます高度化していく。その中で予測できない新しいビジネスの余地が生まれる。ネットフリックスのように、将来に先鞭をつけ、いち早く取り組んだものが勝者となる。5Gをチャンスととらえ、まずは5Gの土俵に上がることが重要だ。

5G活用の考え方

5Gの土俵に上がって5Gを活用する際に考えやすいのが、「高精細映像」「常時接続(Io

T）」「ケーブルレス」「遠隔操作」「AR／VR」の分野だ。いずれも5Gと親和性が高いためである。

高精細映像は、現在人の目で行っている業務プロセスを5Gで代替する。橋梁や航空機など目視で点検や監視を行っているプロセスは多い。介護施設における見守り・行動把握なども人の目で行っている業務プロセスだ。人の目を「5Gの目」に置き換えられるような業務プロセスが身近にあれば、5G活用の第一歩になる。

常時接続（IoT）は、モノが常時インターネットに接続されるようになる世界だ。5Gにより常時接続が当たり前になれば、使ったときだけ課金する従量制のリカーリング（モノを継続的に利用してもらって収益をあげるビジネスモデル）も可能になる。モノを販売した後から本当のビジネスが始まる世界も生まれる。テスラには自動運転オプションがあるが、公道を走っているおよそ50万台のテスラ車両から得られるデータを使って自動運転プログラムのアップデートを続けている。身近なモノが常時接続になる世界を洞察し、常時接続によって生まれる付加価値に想いを巡らせることも、5G活用につながる。

ケーブルレスは、文字通り、現在有線で配線しているものを無線に代替する。工場のケーブルレス化の試みがIndustry 4.0の掛け声とともに各所でなされ始めているが、ケーブルレス化の流れは5Gで一層強くなる。少し前までパソコンを接続するのは有線のイーサネットケーブルであったが、多くが無線に代替された。配線の簡便さやレイアウトフリーなどのメリットが無線にはあるためだ。身の回りにあるケーブルを5Gに置き換えるという視点が、5G活用のヒントになる。

遠隔操作は、人が現地で操作していた業務プロセスを遠隔制御に代替するものだ。現地に出向かなければいけない業務プロセスは多い。建設機械の遠隔制御などが5Gで可能になれば、労働力人口減少への対策にもなり得る。現地に出向かなければいけない業務プロセスも、5G活用の第一歩となる。

最後のAR(拡張現実)/VR(仮想現実)は、見えないものを見えるようにするものだ。自動車を外国で運転しているときに標識を母国語で表示してくれるシステム、スーパーで陳列されている商品の成分、カロリー、口コミなどを表示するシステム、点検保守作業において点検箇所の順番を表示するシステムなどである。買い物、博物館、観光などのあり方が一変する。

余分なものを取り除く「見える化」もある。自車の前に大型トラックが走っていれば視界が遮られてしまう。トラックの後面がディスプレイとなり、トラック前方の視界が映し出されていれば、運転の安全性を高めることができる。また、運転中、自車の躯体で前後左右の状況が確認しづらくなることがあるが、そのようなときであっても自車の躯体を消して表示することで、運転の体験が全く異なったものとなる。工場においても、このような余分なものを取り除く「見える化」もある。工場にはさまざまな配管が存在するが、配管の点検、保守、修理にあたっては対象とする配管以外を透かすことができれば、点検、保守、修理の効率を格段に向上させることができるようになる。

業務プロセスの中で「見える化できると良いもの」はたくさんあるはずだ。これらに気づいて、5Gと結び付けていくことで、新たな価値の創出につながる可能性がある。

隠れたニーズに気づく

5Gは、もちろん「高精細映像」「常時接続(IoT)」「ケーブルレス」「遠隔操作」「AR／VR」に限らない。

あくまでも、5Gはデジタル変革のためのツールだ。AIと同じ位置づけで、5GやAIを使うことを目的にしてはいけない。5Gを特別視せずに、デジタル変革を目的にしなければいけない。リアルな事業領域からデジタルデータを収集し、収集されたデータを蓄積・解析・分析して、リアルな世界に反映させ、判断の高度化や自動制御の進展につなげるという一連のループを回し続け、大きな社会的価値を生み出すデジタル変革につなげることが大切だ。

そのため、5Gの対象はすべての産業分野になる。人に限らずモノも常時接続状態になるため、5Gは第一次産業から第三次産業まですべての産業領域に入り込んでいく。4Gまでは人へのサービスが中心であり消費者向けのB2Cが主であったのに対し、5GではB2Bに顧客が広がる。製造プロセス、モビリティ、医療・健康、インフラなどのあらゆる事業領域が対象となることを認識しなければいけない。

しかしながら、どこに5Gのニーズがあるのか気づかないのが普通だ。残念ながら、これが人間の性である。フィリップ・コトラーは「賢明なマーケターは、まだ満たされていない隠れたニーズを発見し、これを具体的に定義できる存在である」と述べているが、隠れたニーズに気づくことは容易ではない。容易ではないと認識しながら、顧客に深く入り込み、デジタル化すべきプロセスを見出す努力をし続けるしかない。

英国のフィンテック(金融と情報技術を結び付けたビジネス)ベンチャーのタンデムという企業が「銀行の窓口サービスを考えるために」作成した面白いビデオがある。パブが銀行の窓口のようだったらどうなるかを示したビデオだ。客がビールを注文しようとすると、「番号札をお取りください」と言われるところから始まる。自分の番号がきてカウンターに行ったら、「担当者を呼んできます」と言われ、待ち時間にアンケートの記入を求められ、最後の支払い時にはビール代金に加えて手数料までとられるというビデオだ。

パブも銀行の窓口も客にサービスすることは同じであるのに、サービスの仕方がまったく異なる。言われてみれば当たり前のことであるが、日常生活の中でこの違いに気づくことはない。

5Gの出発点は、顧客のニーズ、すなわち生産性やサービス向上の余地のある分野を見出すことだ。顧客ニーズを見出すことは容易ではないものの、社内外の現場に出向き、顧客を深く観察し続けるしかない。少なくとも、5Gの技術面の特徴にこだわって「プロダクトアウト」(作り手優先)となってはいけない。身近なところにも5Gが有効となるフィールドはあるはずだ。現場に出向き、顧客を観察しながら、これらを見出す活動を積極的に行うことが欠かせない。

フットワーク軽く動く

隠れたニーズに気づくように意識することとあわせて、プロトタイプを作って仮説を検証しながら、顧客価値と市場機会を作り出していくことも大切である。

始める前の段階で顧客価値や市場機会がわかっていることは少ないためだ。

例えば、橋梁やトンネルなどの構造物のメンテナンスとして、センサーを設置して危険箇所を予知するシステム。将来的には必ず必要になるシステムであるが、現時点ではどの程度の有効性があるかさえわかっていない。取り組みを進めながら、有効性と費用対効果を明確にしていくしかない。

新たな市場の展開への期待から、各所で進められている5Gの実証実験もPoC(Proof of Concept：概念実証)で終わってしまい、市場機会の創出につながらないものも多い。「価値」を深く掘り下げ切れていないことが、本格導入にまで至らない大きな理由である。導入につなげるためには、価値に見合った費用を顧客に支払ってもらわなければいけない。実証を進めるにあたっては、費用対効果を多様な視点でもって深く考えながら、押したり引いたりしながらフットワーク軽く進めていかなければいけない。

費用対効果があらかじめわかっているようなものは、既に他の誰かが手がけている。逆に、先手を打って手がけようとすれば、どうしてもリスクは高くなる。PDCA(Plan(計画)、Do(実行)、Check(評価)、Action(改善))のPの計画など、あらかじめすることができない世界だ。

そのため、Observe(観察)、Orient(方向づけ)、Decide(決断)、Act(実行)のOODAループを回していかざるを得ない。直観などを生かして臨機応変に意思決定を行うことが肝要だ。従来のＰＤＣＡではなく、このＯＯＤＡループをフットワーク軽くスピード感をもって回していかなければいけない。

イノベーション理論では、知の探索と知の深化の二刀流経営が必要といわれているが、現在の５Ｇは知の探索のフェーズにある。知の幅を広げることで組み合わせの範囲が広がりイノベーションを起こしやすくなる。手間やコストがかかるため、目先の利益には直結しないものの、まずは知の探索にＯＯＤＡループで取り組むべきであろう。

通信事業者やローカル5G構築・運用事業者との戦略的連携

移動通信事業者やローカル５Ｇ構築・運用事業者との戦略的な連携を図ることも考えても良い。

５Ｇは、画一的なサービスにはならないためだ。「なんでもできる」５Ｇだからこそ、活用の仕方が難しくなる。

５Ｇでは、仮想化やネットワークスライシングに加え、エッジコンピューティングまで利用できるようになり、利用者の要求に応じた個別化サービスを実現できる。「遠隔制御向けの高信頼サービス」「金融トレーディング向け低遅延サービス」「スマートシティ向けＩｏＴサービス」などのきめ細かいサービスを提供できる。

これらは、通信事業者が有するネットワーク資源やサーバー資源を活用して実現する。ツリー型パケット配信機能、セッション接続機能、エッジサーバー機能、映像加工機能、映像配信機能、ストレージ機能などのさまざまな機能を、必要なときに必要なだけ自在に組み合わせて実現する。必要なユーザーに、必要な期間、必要なサービスを提供する「オン・デマンド・サービス」が可能だ。5Gネットワーク内にエッジコンピューティング向けのエッジサーバーも配置されているため、AIを活用したサービスも提供できる。

そのため、すべてのデータを画一的に転送していたインターネット上でのビジネス開発とは様相がかなり異なってくる。インターネットでは、単にデータを流すだけで良かったのに対し、5Gでは「5Gの機能を使いこなす」ことが必要となる。

5Gでは、コンテンツプロバイダがサービス要件を通信事業者に伝え、個別化されたサービスを通信事業者に提供してもらう形態が登場する。このような世界が構築されると、消費者は5Gに対してお金を支払うのではなく、5Gをも含んだコンテンツサービスにお金を支払うようになる。コンテンツプロバイダにとっては、どのように5Gを自らのサービスに組み込んでいくかが競争優位実現の鍵となるため、ネットワークの仕組みを切り離して考えることができなくなる。

また、5G自体も進化していく。スタンドアロン（SA）型も近い将来登場する。基地局の設置場所も増える。新たな周波数も割り当てられる。5Gの機能も順次向上していく。Wi-Fi 6、LPWAなど5Gの代替となる無線方式も進化する。5Gを使いたいユーザー企業に、これらすべてを理解してもらうのは厳しい。

したがって、通信事業者やローカル5G構築・運用事業者などと戦略的に連携し、5Gサービスの検討を一緒に進めていくことも必要だろう。餅は餅屋だ。まずは4Gでできるものから始めることでも良い。一緒になって創り上げる「共創」が次につながる。共創により化学反応が生じ。新たなステージに進むことができるという認識が大切である。

ここで注意すべきことは、異業種間での共創は思ったほど簡単ではないことだ。同じ業種の企業間での連携と違って、異業種と組むとなると提携の形態や交渉の進め方などが従来とはまったく異なるものになるためである。土地勘のない中で、それぞれが企業内に有するリソースをどのように組み合わせて、どのような価値を生み出すのかを明確にしていかなければならない。相手に共感するとともに、ウィンウィンの関係を作り上げる利他の心でもって、お互いを尊重しながら付き合っていくことが成果につながる。経営トップの進取の精神や決断力も大切である。

６Ｇへ――モバイル進化の底流を読む

通信インフラは進化し続ける。10年ごとに新世代の方式に進化してきた移動通信システムは、２０３０年代には第6世代の６Ｇとなる。５Ｇで終わりではない。

５Ｇの検討が始まったのは、２０１０年前後の10年前だ。Beyond 4G、4G and Beyond などという名称で５Ｇの検討が始まった。国際電気通信連合（ＩＴＵ）において周波数帯や通信規格を決め、商用サービスにまでつなげるのには10年程度要する。

５Ｇの商用サービスが開始されていないというのに、６Ｇに向けての動きは既に始まっている。

ＩＴＵは、２０３０年以降のネットワークのあり方を白書「Network 2030」として公表し、議論グループを設置している。フィンランドでは、フィンランド・アカデミーとオウル大学が6 Genesis プロジェクトを立ち上げ、６Ｇの白書を公表した。米国では、トランプ大統領自らが「６Ｇの取り組みも強化しなければいけない」とツイートし、テラヘルツ波（ミリ波よりも高い周波数帯）の研究開発を行う拠点を立ち上げている。中国は、６Ｇの研究開発で世界最先端を走るとの掛け声のもと、２０２０年には６Ｇの研究開発を始める予定だ。

日本においても、ＮＴＴドコモが「５Ｇの高度化と６Ｇ」と題する白書を公表し、ＮＴＴは「ＩＯＷＮ（アイオン）」と呼ぶ６Ｇ時代のネットワーク構想を発表した。ＮＴＴは無線での１００ギガビット／秒超の伝送にも成功しており、６Ｇの研究開発で先頭を走っている。情報通信研究機構（ＮＩＣＴ）では６Ｇに向けたテラヘルツ波の研究プロジェクトを推進中だ。

６Ｇは、５Ｇの上位互換となる。ドコモの白書には、「超高速・大容量通信」「超カバレッジ拡張」「超低消費電力・低コスト化」「超低遅延」「超高信頼通信」「超多接続＆センシング」という５Ｇの性能を上回る要求条件が並んでいる。

６Ｇの明確な定義などはまだなく、どのようなものになるのか不透明である。しかしながら、少なくとも確実に言えることは、２０３０年には、デジタルが医療・介護・ヘルスケア、教育、都市、農林水産、製造、土木、建設、小売、物流などのあらゆる産業領域に浸透していることだ。６Ｇは、このような社会をより高度化するために必要となる。

通信に対する要求には際限がない。簡単に低コストでモノをネットワークに接続できるのであれば、ありとあらゆるモノをネットワークにつなげたくなる。同じ条件であれば、低解像度の映像ではなく高解像度の映像を見たい。このような際限のない要求を満たすように、６Ｇの技術開発がこれから始まる。

日本政府も、6Gを見据えた議論を開始している。総務省が2020年1月に立ち上げた「Beyond 5G 推進戦略懇談会」では、「2030年代の社会において通信インフラに期待される事項」「Beyond 5G によりこれを実現するために必要な技術」「我が国における Beyond 5G の円滑な導入及び国際競争力の向上に向け望まれる環境」「これらを実現するための政策の方向性」の議論を始めた。

一方、経済産業省は、「ポスト5G情報通信システム基盤強化研究開発事業」を2020年度に開始する。2019年10月の安倍首相の未来投資会議での発言、「超低遅延や多数同時接続が可能な、広範な産業用途に用いられるポスト5Gの半導体・情報通信システムは、自動工場や自動運転といった、我が国の競争力の核となる技術となります。国際競争力を有する自動車、産業機械といった、完成品メーカーとも協力し、我が国の技術力を結集した国家プロジェクトを検討していく必要があります」に応じた施策だ。

ここでの「ポスト5G」は、スタンドアロン(SA)型の5Gで6Gではない。サービス当初の「高速・大容量」のみのノンスタンドアロン(NSA)型の5Gに対し、「多数同時接続」と「低遅延」も可能となるSA型の5Gを「ポスト5G」と呼んでいる。安倍首相の発言にあるとおり、産業用途での5Gの利活用に主眼をおいている。2020年代前半にも登場すると言われているSA型の5Gを盛り上げ、6Gに向け日本の産業競争力を強化するための施策だ。

10年先の6Gに向けて、5Gは進化していくとの認識が未来を先取りするチャンスになる。通信の進化はとめられない。2020年のサービス開始時の5Gがすべてではない。6Gの世界を思い描きながら5Gの土俵にあがり、新たなビジネスを考え始めて欲しい。

産業構造の激変の中で創り上げる

通信業界は勢力図の激変を経てきた。ノーテルやルーセントなどといった伝統的大企業はなくなってしまった。3Gの時代に隆盛を誇ったブラックベリーも駆逐されてしまった。

5Gになると、通信業界以外でも産業の激変が起こる可能性が高い。5G自体が産業の変革を促すわけではない。産業の変革は、データ駆動型経済に起因して生じる。5Gがデータ駆動型経済を後押しする起爆剤の1つであるためだ。

そのため、5Gを使って一体どんなことができるのか、5Gの生かし方について世界が知恵を絞っている。現時点ではどのような世界になるのか明らかになっていないものの、5Gを基軸として大量の資金と頭脳が投入されている。

確実に言えることは、5Gで、より便利に、より使いやすくモノがつながるようになるため、すべての業種においてデジタル化が促進され、デジタル化された製品、サービス、業務などが成長を牽引することだ。5Gがデジタル変革を加速するとの認識を持ち、デジタルに取り組むことが大切だ。

すべての産業領域が対象となるため、日本にも勝機がある。国、地域、産業ごとに要求が異なるため、勝者総取りの世界にはならない。5G上でのサービスは、同じものをグローバルに展開する単純なゲームにはならない。日本が世界に誇る産業分野において、通信事業者やIT事業者と強力なタッグを組んでデータ駆動型経済への転換を主導してもらいたい。

ただ、悩ましいのは、どのように変わっていくかはまだ予測できないことだ。

例えば、洗濯機の登場で、家事労働の負担が大幅に減ることは明白だったが、洗濯機が社会に与えた影響はこれにとどまらなかった。衛生観念が大きく変わり、毎日洗濯するようになって、衣類の需要が一気に増えたことも、社会にはきわめて大きな影響を与えた。今から振り返れば当たり前のことであるが、「洗濯機で衛生観念が変わる／衣類の需要が増える」ことに気づいていた人は誰もいなかったであろう。

また、iPhoneの登場が２００７年、米エアビーアンドビーの設立が２００８年、米ウーバー・テクノロジーズの設立が2009年である。これらは4Gの産物と言っても良いが、4Gの開発時点では誰もこれらを予測できなかった。携帯電話業界、不動産業界、タクシー業界などの構造を過酷なまでに変えていくのがデジタルだ。5Gがこの動きを加速する。

4Gまでは、通信事業者がサービスを考え、顧客に電話、メール、インターネット接続などのサービスを提供していた。5Gではすべての産業領域がサービス対象になるため、通信事業者でさえどのようなサービスを提供すれば良いのか把握できない。

5Gのサービスは通信事業者が与えてくれるものではない。自らが5Gで何をするのかを考え、必要に応じて通信事業者などを動かしながら、創り上げていかなければいけない。

インターネットという通信インフラを快適に使えるようになったからこそ、SNSや映像配信、電子商取引などのサービスが花開いた。通信技術の進展がこれらを支えている。通信技術はあくまでも裏方だ。5Gも裏方の技術である。

「客にいくら尋ねても、自動車が欲しいという答えは返ってこない。なぜなら客は馬車しか知らないからだ」とは、自動車王ヘンリー・フォードの言葉である。未来を予測することは難しいが、未来を創ることはできる。異なる視点の発想をかけあわせながら、5Gで何をするのかを考え続けることが重要だ。

森川博之

1965年生まれ．東京大学大学院工学系研究科教授．1987年東京大学工学部電子工学科卒業．1992年同大学院博士課程修了．博士(工学)．2006年東京大学大学院教授．IoT(モノのインターネット)，M2M，ビッグデータ，センサネットワーク，無線通信システム，情報社会デザインなどの研究開発に従事．OECDデジタル経済政策委員会副議長，総務省情報通信審議会部会長，新世代IoT/M2Mコンソーシアム会長等．電子情報通信学会論文賞(3回)，情報処理学会論文賞，総務大臣表彰等．
著作として『データ・ドリブン・エコノミー――デジタルがすべての企業・産業・社会を変革する』(ダイヤモンド社)等．

5G 次世代移動通信規格の可能性　　岩波新書(新赤版)1831

2020年4月17日　第1刷発行
2020年7月6日　第3刷発行

著　者　森川博之(もりかわひろゆき)

発行者　岡本　厚

発行所　株式会社 岩波書店
〒101-8002 東京都千代田区一ツ橋2-5-5
案内 03-5210-4000　営業部 03-5210-4111
https://www.iwanami.co.jp/

新書編集部 03-5210-4054
https://www.iwanami.co.jp/sin/

印刷・理想社　カバー・半七印刷　製本・中永製本

ISBN 978-4-00-431831-6　　Printed in Japan

岩波新書新赤版一〇〇〇点に際して

ひとつの時代が終わったと言われて久しい。だが、その先にいかなる時代を展望するのか、私たちはその輪郭すら描きえていない。二〇世紀から持ち越した課題の多くは、未だ解決の緒を見つけることのできないままであり、二一世紀が新たに招きよせた問題も少なくない。グローバル資本主義の浸透、憎悪の連鎖、暴力の応酬――世界は混沌として深い不安の只中にある。

現代社会においては変化が常態となり、速さと新しさに絶対的な価値が与えられた。消費社会の深化と情報技術の革命は、種々の境界を無くし、人々の生活やコミュニケーションの様式を根底から変容させてきた。ライフスタイルは多様化し、一面では個人の生き方をそれぞれが選びとる時代が始まっている。同時に、新たな格差が生まれ、様々な次元での亀裂や分断が深まっている。社会や歴史に対する意識が揺らぎ、普遍的な理念に対する根本的な懐疑や、現実を変えることへの無力感がひそかに根を張りつつある。そして生きることに誰もが困難を覚える時代が到来している。

しかし、日常生活のそれぞれの場で、自由と民主主義を獲得し実践することを通じて、私たち自身がそうした閉塞を乗り超え、希望の時代の幕開けを告げてゆくことは不可能ではあるまい。そのために、いま求められていること――それは、個と個の間で開かれた対話を積み重ねながら、人間らしく生きることの条件について一人ひとりが粘り強く思考することではないか。その営みの糧となるものが、教養に外ならないと私たちは考える。歴史とは何か、よく生きるとはいかなることか、世界そして人間はどこへ向かうべきなのか――こうした根源的な問いとの格闘が、文化と知の厚みを作り出し、個人と社会を支える基盤としての教養となった。まさにそのような教養への道案内こそ、岩波新書が創刊以来、追求してきたことである。

岩波新書は、日中戦争下の一九三八年一一月に赤版として創刊された。創刊の辞は、道義の精神に則らない日本の行動を憂慮し、批判的精神と良心的行動の欠如を戒めつつ、現代人の現代的教養を刊行の目的とする、と謳っている。以後、青版、黄版、新赤版と装いを改めながら、合計二五〇〇点余りを世に問うてきた。そして、いままた新赤版が一〇〇〇点を迎えたのを機に、人間の理性と良心への信頼を再確認し、それに裏打ちされた文化を培っていく決意を込めて、新しい装丁のもとに再出発したいと思う。一冊一冊から吹き出す新風が一人でも多くの読者の許に届くこと、そして希望ある時代への想像力を豊かにかき立てることを切に願う。

（二〇〇六年四月）

社会

サイバーセキュリティ　谷脇康彦
まちづくり都市 金沢　山出保
虚偽自白を読み解く　浜田寿美男
総介護社会　小竹雅子
戦争体験と経営者　立石泰則
住まいで「老活」　安楽玲子
現代社会はどこに向かうか　見田宗介
EVと自動運転 クルマをどう変えるか　鶴原吉郎
ルポ 保育格差　小林美希
津波災害〔増補版〕　河田惠昭
棋士とAI　王銘琬
原子力規制委員会　新藤宗幸
東電原発裁判　添田孝史
日本問答　田中優子・松岡正剛
日本の無戸籍者　井戸まさえ
〈ひとり死〉時代のお葬式とお墓　小谷みどり
町を住みこなす　大月敏雄
親権と子ども　榊原富士子・池田清貴
歩く、見る、聞く 人びとの自然再生　宮内泰介
対話する社会へ　暉峻淑子
悩みいろいろ　金子勝
魚と日本人 食と職の経済学　濱田武士
ルポ 貧困女子　飯島裕子
鳥獣害 動物たちと、どう向きあうか　祖田修
科学者と戦争　池内了
新しい幸福論　橘木俊詔
ブラックバイト 学生が危ない　今野晴貴
原発プロパガンダ　本間龍
ルポ 母子避難　吉田千亜
日本にとって沖縄とは何か　新崎盛暉
日本病 長期衰退のダイナミクス　金子勝・児玉龍彦
雇用身分社会　森岡孝二
生命保険とのつき合い方　出口治明
ルポ にっぽんのごみ　杉本裕明
鈴木さんにも分かるネットの未来　川上量生
地域に希望あり　大江正章
世論調査とは何だろうか　岩本裕
フォト・ストーリー 沖縄の70年　石川文洋
ルポ 保育崩壊　小林美希
多数決を疑う 社会的選択理論とは何か　坂井豊貴
アホウドリを追った日本人　平岡昭利
朝鮮と日本に生きる　金時鐘
被災弱者　岡田広行
農山村は消滅しない　小田切徳美
復興〈災害〉　塩崎賢明
「働くこと」を問い直す　山崎憲
原発と大津波 警告を葬った人々　添田孝史
縮小都市の挑戦　矢作弘
福島原発事故 被災者支援政策の欺瞞　日野行介
日本の年金　駒村康平

岩波新書より

食と農でつなぐ 福島から　塩谷弘康・岩崎由美子
過労自殺〔第二版〕　川人博
金沢を歩く　山出保
ドキュメント 豪雨災害　稲泉連
ひとり親家庭　赤石千衣子
女のからだ フェミニズム以後　荻野美穂
〈老いがい〉の時代　天野正子
子どもの貧困Ⅱ　阿部彩
性と法律　角田由紀子
ヘイト・スピーチとは何か　師岡康子
生活保護から考える　稲葉剛
かつお節と日本人　宮内泰介・藤林泰
家事労働ハラスメント　竹信三恵子
福島原発事故 県民健康管理調査の闇　日野行介
電気料金はなぜ上がるのか　朝日新聞経済部
おとなが育つ条件　柏木惠子
在日外国人〔第三版〕　田中宏
まち再生の術語集　延藤安弘

震災日録 記憶を記録する　森まゆみ
原発をつくらせない人びと　山秋真
社会人の生き方　暉峻淑子
構造災 科学技術社会に潜む危機　松本三和夫
家族という意志　芹沢俊介
ルポ 良心と義務　田中伸尚
飯舘村は負けない　千葉悦子・松野光伸
夢よりも深い覚醒へ　大澤真幸
子どもの声を社会へ　桜井智恵子
就職とは何か　森岡孝二
日本のデザイン　原研哉
ポジティヴ・アクション　辻村みよ子
脱原子力社会へ　長谷川公一
希望は絶望のど真ん中に　むのたけじ
福島 原発と人びと　広河隆一
アスベスト 広がる被害　大島秀利
原発を終わらせる　石橋克彦編
日本の食糧が危ない　中村靖彦
勲章 知られざる素顔　栗原俊雄

希望のつくり方　玄田有史
生き方の不平等　白波瀬佐和子
同性愛と異性愛　風間孝・河口和也
贅沢の条件　山田登世子
新しい労働社会　濱口桂一郎
世代間連帯　上野千鶴子・辻元清美
道路をどうするか　五十嵐敬喜・小川明雄
子どもの貧困　阿部彩
子どもへの性的虐待　森田ゆり
戦争絶滅へ、人間復活へ　むのたけじ・黒岩比佐子 聞き手
テレワーク 「未来型労働」の現実　佐藤彰男
反貧困　湯浅誠
不可能性の時代　大澤真幸
地域の力　大江正章
グアムと日本人 戦争を埋立てた楽園　山口誠
少子社会日本　山田昌弘
親米と反米　吉見俊哉
「悩み」の正体　香山リカ

岩波新書より

変えてゆく勇気	上川あや
戦争で死ぬ、ということ	島本慈子
社会学入門	見田宗介
冠婚葬祭のひみつ	斎藤美奈子
壊れる男たち	金子雅臣
少年事件に取り組む	藤原正範
いまどきの「常識」	香山リカ
働きすぎの時代	森岡孝二
桜が創った「日本」	佐藤俊樹
生きる意味	上田紀行
ルポ 戦争協力拒否	吉田敏浩
ウォーター・ビジネス	中村靖彦
男女共同参画の時代	鹿嶋敬
当事者主権	中西正司 上野千鶴子
ルポ 解雇	島本慈子
豊かさの条件	暉峻淑子
人生案内	落合恵子
若者の法則	香山リカ
自白の心理学	浜田寿美男
原発事故はなぜくりかえすのか	高木仁三郎
日本の近代化遺産	伊東孝
証言 水俣病	栗原彬編
コンクリートが危ない	小林一輔
東京国税局査察部	立石勝規
ドキュメント 屠場	鎌田慧
能力主義と企業社会	熊沢誠
沖縄 平和の礎	大田昌秀
現代社会の理論	見田宗介
原発事故を問う	七沢潔
災害救援	野田正彰
命こそ宝 沖縄反戦の心	阿波根昌鴻
スパイの世界	中薗英助
都市開発を考える	大野輝之 レイコ・ハベ・エバンス
ディズニーランドという聖地	能登路雅子
原発はなぜ危険か	田中三彦
豊かさとは何か	暉峻淑子
農の情景	杉浦明平
光に向って咲け	粟津キヨ
異邦人は君ヶ代丸に乗って	金賛汀
読書と社会科学	内田義彦
科学文明に未来はあるか	野坂昭如編著
プルトニウムの恐怖	高木仁三郎
社会科学における人間	大塚久雄
沖縄ノート	大江健三郎
地の底の笑い話	上野英信
この世界の片隅で	山代巴編
音から隔てられて	入谷仙介 林瓢介編
ものいわぬ農民	大牟羅良
民話を生む人々	山代巴
死の灰と闘う科学者	三宅泰雄
米軍と農民	阿波根昌鴻
沖縄からの報告	瀬長亀次郎
暗い谷間の労働運動	大河内一男
ユダヤ人	J-P・サルトル 安堂信也訳
社会認識の歩み	内田義彦
社会科学の方法	大塚久雄

岩波新書より

現代世界

トランプのアメリカに住む　吉見俊哉
ライシテから読む現代フランス　伊達聖伸
ベルルスコーニの時代　村上信一郎
イスラーム主義　末近浩太
ルポ 不法移民 アメリカ国境を越えた男たち　田中研之輔
習近平の中国 百年の夢と現実　林望
日中漂流　毛里和子
中国のフロンティア　川島真
シリア情勢　青山弘之
ルポ トランプ王国　金成隆一
ルポ 難民追跡 バルカンルートを行く　坂口裕彦
アメリカ政治の壁　渡辺将人
プーチンとG8の終焉　佐藤親賢
香港 中国と向き合う自由都市　倉田徹／張イクマン
〈文化〉を捉え直す　渡辺靖
イスラーム圏で働く　桜井啓子編
中南海 知られざる中国の中枢　稲垣清
フォト・ドキュメンタリー 人間の尊厳　林典子
㈱貧困大国アメリカ　堤未果
女たちの韓流　山下英愛
新・現代アフリカ入門　勝俣誠
中国の市民社会　李妍焱
勝てないアメリカ　大治朋子
ブラジル 跳躍の軌跡　堀坂浩太郎
非アメリカを生きる　室謙二
ネット大国中国　遠藤誉
中国は、いま　国分良成編
ジプシーを訪ねて　関口義人
中国エネルギー事情　郭四志
アメリカン・デモクラシーの逆説　渡辺靖
ユーラシア胎動　堀江則雄
オバマ演説集　三浦俊章編訳
ルポ 貧困大国アメリカII　堤未果
オバマは何を変えるか　砂田一郎
イスラエル　臼杵陽
ネイティブ・アメリカン　鎌田遵
アフリカ・レポート　松本仁一
ヴェトナム新時代　坪井善明
イラクは食べる　酒井啓子
ルポ 貧困大国アメリカ　堤未果
エビと日本人II　村井吉敬
北朝鮮は、いま　北朝鮮研究学会編　石坂浩一監訳
欧州連合 統治の論理とゆくえ　庄司克宏
バチカン　郷富佐子
国際連合 軌跡と展望　明石康
アメリカよ、美しく年をとれ　猿谷要
日中関係 戦後から新時代へ　毛里和子
いま平和とは　最上敏樹
「民族浄化」を裁く　多谷千香子
サウジアラビア　保坂修司
中国激流 13億のゆくえ　興梠一郎

岩波新書より

岩波新書より

環境・地球

水の未来　沖大幹
異常気象と地球温暖化　鬼頭昭雄
エネルギーを選びなおす　小澤祥司
欧州のエネルギーシフト　脇阪紀行
グリーン経済最前線　井田徹治・末吉竹二郎
低炭素社会のデザイン　西岡秀三
環境アセスメントとは何か　原科幸彦
生物多様性とは何か　井田徹治
キリマンジャロの雪が消えていく　石弘之
イワシと気候変動　川崎健
森林と人間　石城謙吉
世界森林報告　山田勇
地球の水が危ない　高橋裕
地球環境報告 II　石弘之
地球温暖化を防ぐ　佐和隆光
地球環境問題とは何か　米本昌平
地球環境報告　石弘之
国土の変貌と水害　高橋裕
水俣病　原田正純

情報・メディア

K-POP 新感覚のメディア　金成玟
メディア不信 何が問われているのか　林香里
グローバル・ジャーナリズム　澤康臣
キャスターという仕事　国谷裕子
読んじゃいなよ!　高橋源一郎編
読書と日本人　津野海太郎
スポーツアナウンサー 実況の真髄　山本浩
戦争と検閲 石川達三を読み直す　河原理子
NHK〔新版〕　松田浩
震災と情報　徳田雄洋
メディアと日本人　橋元良明
本は、これから　池澤夏樹編
デジタル社会はなぜ生きにくいか　徳田雄洋
ジャーナリズムの可能性　原寿雄
ITリスクの考え方　佐々木良一
ユビキタスとは何か　坂村健
ウェブ社会をどう生きるか　西垣通
報道被害　梓澤和幸
メディア社会　佐藤卓己
現代の戦争報道　門奈直樹
未来をつくる図書館　菅谷明子
メディア・リテラシー　菅谷明子
職業としての編集者　吉野源三郎
本の中の世界　湯川秀樹
私の読書法　大内兵衛・茅誠司

岩波新書より

政治

日米安保体制史	吉次公介
官僚たちのアベノミクス	軽部謙介
在日米軍 変貌する日米安保体制	梅林宏道
憲法改正とは何だろうか	高見勝利
共生保障〈支え合い〉の戦略	宮本太郎
シルバー・デモクラシー 戦後世代の覚悟と責任	寺島実郎
憲法と政治	青井未帆
18歳からの民主主義	岩波新書編集部編
検証 安倍イズム	柿崎明二
右傾化する日本政治	中野晃一
外交ドキュメント 歴史認識	服部龍二
日米〈核〉同盟 原爆、核の傘、フクシマ	太田昌克
集団的自衛権と安全保障	豊下楢彦 古関彰一
日本は戦争をするのか	半田滋
アジア力の世紀	進藤榮一
民族紛争	月村太郎
自治体のエネルギー戦略	大野輝之
政治的思考	杉田敦
現代日本の政党デモクラシー	中北浩爾
サイバー時代の戦争	谷口長世
現代中国の政治	唐亮
日本の国会	大山礼子
戦後政治史〔第三版〕	石川真澄 山口二郎
〈私〉時代のデモクラシー	宇野重規
大臣〔増補版〕	菅直人
生活保障 排除しない社会へ	宮本太郎
「ふるさと」の発想	西川一誠
「戦地」派遣 変わる自衛隊	半田滋
民族とネイション	塩川伸明
昭和天皇	原武史
集団的自衛権とは何か	豊下楢彦
沖縄密約	西山太吉
ルポ 改憲潮流	斎藤貴男
吉田茂	原彬久
安心のファシズム	斎藤貴男
市民の政治学	篠原一
東京都政	佐々木信夫
有事法制批判	憲法再生フォーラム編
日本政治 再生の条件	山口二郎編著
安保条約の成立	豊下楢彦
岸信介	原彬久
自由主義の再検討	藤原保信
一九六〇年五月一九日	日高六郎編
日本の政治風土	篠原一
近代の政治思想	福田歓一
日本精神と平和国家	矢内原忠雄